生猪低碳高效养殖技术

主　编

张秋良

编著者

张杰英　　颜国华　　刘德旺　　李慧斌

赵　凯　　于文志　　董玉玲　　王　珏

房国芳　　韦　伟　　魏晓媛　　张静刚

张　军　　殷海江　　杨玉增　　刘长清

李新正　　张桂枝　　王鑫磊　　张立恒

肖曙光

U0352260

金盾出版社

内 容 提 要

低碳养殖的实质是节能减排,以此实现提高经济效益和环境友好型发展,是养猪业中必须树立的理念。本书内容包括:猪低碳养殖概述,低碳型生猪饲养的品种选择与杂交利用,低碳型生猪养殖场建设,生猪的营养需要与饲料配制,低碳高效生猪饲养管理技术,生猪养殖场生物安全措施与防疫,猪常见病的防治,生猪养殖场粪污处理技术与资源化利用。本书内容全面,技术实用,适合生猪养殖场管理人员和基层技术推广人员阅读参考。

图书在版编目(CIP)数据

生猪低碳高效养殖技术/张秋良主编 . — 北京:金盾出版社,2014.1

ISBN 978-7-5082-8835-2

Ⅰ.①生… Ⅱ.①张… Ⅲ.①养猪学—无污染技术 Ⅳ.①S828

中国版本图书馆 CIP 数据核字(2013)第 222755 号

金盾出版社出版、总发行
北京太平路 5 号(地铁万寿路站往南)
邮政编码:100036 电话:68214039 83219215
传真:68276683 网址:www.jdcbs.cn
封面印刷:北京凌奇印刷有限责任公司
正文印刷:北京军迪印刷有限责任公司
装订:兴浩装订厂
各地新华书店经销
开本:850×1168 1/32 印张:9.25 字数:224 千字
2014 年 1 月第 1 版第 1 次印刷
印数:1～7 000 册 定价:18.00 元
(凡购买金盾出版社的图书,如有缺页、
倒页、脱页者,本社发行部负责调换)

目 录

目　录

第一章　概　述

一、我国养猪业现状

(一)养猪业概况

畜牧业在我国发展迅速,预计到 2015 年,畜牧业总产值比重将达到 48.6%,超过种植业 47.4%的比重,成为农业中第一大产业。其中养猪业是畜牧业的重中之重,迄今为止我国是世界上养猪历史最悠久、养殖品种最多、养殖数量最多的国家。生猪总产值已达到 6 443.5 亿元,占畜牧业总产值的 48.4%(2008 年)。

据统计,2008 年全国出栏 50 头以上的规模养殖户和商品猪场共 224.4 万个,出栏肉猪占全国出栏总量的比例达到 48.4%,其中年出栏万头以上的规模猪场有 1 800 多个。2011 年我国存栏生猪 4.77 亿头,出栏 6.61 亿头,虽然比 2010 年减少 1 600 万头,但仍占世界总出栏量的 54.55% 左右。2011 年出栏率为138.6%,全年进口生猪(包括种猪)10 000 头,出口 156 万头。我国养猪业主要集中于沿江沿海,分布于长江沿线、华北、沿海以及部分粮食主产区。其中,长江流域占 42.61%,华北区占 22.5%,东南沿海占 16.8%。四川生猪存栏和出栏数均为全国第一。

猪肉方面,2011 年全年猪肉产量为 5 053 万吨,比 2010 年减少 150 万吨;全年国民消费 4 981 万吨,人均消费猪肉 33.2 千克。2011 年猪肉价格一直在高位运营,生猪价格甚至达到 22 元/千克,猪肉价格达到近 40 元/千克,使得进口猪肉比 2010 年多 15 万吨,达到 55 万吨,主要从美国、加拿大进口高档猪肉。而出口的猪肉只有 26 万吨,比 2010 年略有减少,主要出口对象是香港和澳门。

(二)养殖模式

我国的养猪模式是多种形式并存,既有大规模养殖,也有专业户类型的中小规模养殖,还有以副业形式存在种养模式。多种模式并存,给养猪业的管理带来了不利因素,特别是在提倡环境保护、发展低碳经济的大背景下,使养猪与环境保护产生了较大的冲突。

1. 种养结合——小规模散户养殖 不以养猪为主业,在养猪的同时还种植农作物。土地种粮,猪粪肥田,投资规模小,都集中于农村,对环境的污染并不严重。但随着养猪利润越来越低,农民工工资的提高,这种模式的养殖数量会越来越少。

2. 专业户类型——中小规模养殖 这类养猪户,一般规模在 100~1 000 头,以养猪为主要经济收入来源,养猪工作完全靠自家人员负担。这种模式的养殖规模越来越大,是我国养猪的主要力量,但由于该模式的特殊性,猪场的粪污不能完全自己消耗,对环境的污染成为制约该模式发展的重要因素。

3. 规模养殖 规模养殖指年出栏超过 1 000 头的猪场,养猪生产工作以雇工的形式完成。随着经济的发展,规模养殖场的数量越来越多,大型和特大型猪场也不断涌现,以后仍然会逐渐增加,是我国养猪业发展的主要方向。但现在我国的规模养殖在饲料营养、管理技术、环境控制、保健、品种、防疫等方面均存在一些问题,导致生产水平和经济效益低下,没有达到规模效益,反而为社会带来了更大的粪污处理难题。

(三)养殖条件

我国养猪的条件差别非常大,从猪舍建筑、设施设备、品种到饲料等各方面都存在很大差异。

从猪舍建筑来说,既有传统的敞开式猪舍,也有以水泥地面为主的大棚猪舍,也有密闭式猪舍,还有全封闭的可自动控制环境的先进猪舍。

从设施条件来说,既有人工饲喂、人工清粪的传统方式,也有自动给料机械清粪的机械化养猪,也有利用智能化饲喂系统的现代化养猪,还有将以上形式进行有机结合的养猪方式。人工清粪的方式更有利于粪污的处理和环境的保护、智能化饲喂系统能大幅度提高养猪生产效率,符合低碳养猪要求。

从饲料营养角度来说,大部分养猪户利用浓缩饲料和预混饲料;少部分利用全价饲料,还有以当地资源为主的原始放牧养猪。对于低碳养猪发展来说应综合利用当地饲料资源。

从品种来说,我国饲养的猪品种繁多,尽管现在以国外引进的瘦肉型猪为主,但也有以生产风味猪肉为主的野猪和土猪,还有土洋结合的土杂猪,特别是近几年,地方黑猪的饲养越来越受到重视。

(四)养殖水平

虽然我国的生猪存栏及出栏数量都位居世界第一,但却不是养猪水平高的国家,与我国的养猪数量非常不匹配。我国生猪出栏率只有138.6%,而养猪发达国家出栏率多在170%以上,如丹麦184.14%、美国177.9%、法国177.68%、德国170.5%。

养殖水平低是我国养猪多年来的问题。据估测,我国每头母猪年提供的出栏猪数不足15头,疾病多发,死亡率高仍然困扰着我国养猪业的发展。对许多规模猪场来说,每头母猪年提供 16 头以上肥育猪就能基本实现盈利,就算相对较好的猪场,但这样的猪场并不多。在我国设施设备较好的猪场,通过科学精细的饲养管理,完全能达到每头母猪年提供 20 头肥育猪的目标,但现在这样的猪场更是少数。

成活率低是出栏猪数少的重要原因之一。除此之外,还有产仔数少的问题,这是人们容易忽视的问题。笔者曾对许多猪场进行数据统计,发现两个问题,一是胎产仔数少,饲养引进品猪的猪场,胎产活仔数往往低于 10 头;另一个问题是年产胎数少,尽管我们的技术资料都介绍母猪年产 2.2 胎以上,但达到这个指标的猪场相当少,许多猪场基础母猪年平均胎数甚至少于 2 胎。这就暴露出我们在母猪的饲养管理方面存在很多问题,还有很大的提升空间。

猪场生产水平低的另一个根本原因是养猪场缺乏养猪管理及技术人才。我国的猪场在生产一线的人员中很少看到本专业的大学生,更谈不上硕士、博士。畜牧兽医专业的大学生很大一部分都去饲料公司、兽药公司搞销售、搞售后服务,能在养猪一线吃苦、学习、锻炼的人凤毛麟角,笔者在许多猪场看到的技术、管理人员大部分是没有专业学历,只有几年实践经验的初、高中毕业生。这与猪场工资待遇低,由于防疫的要求生活枯燥、受粪污的影响环境条件差有很大关系。

(五)市场及养殖效益

在国内养猪行业,流传着这样的话,"养猪大赚一年,平一年,大亏又一年。"是指生猪价格经常处于高低波动状态,养猪效益起伏不定,使得养猪无利益保证。

纵观自 1993 年以来 10 多年的生猪市场变化规律,我国生猪市场经历了 5 次大的周期性波动。1994 年、1997 年、2001 年、

2004 年和 2007 年是养猪利润最大的年份,尤其是 2007 年度的高峰期,范围之广、价格之高、利润之大都创造了我国养猪历史之最。而 1996 年、1998 年、2002 年和 2006 年度养猪的效益跌至低谷,特别是 2006 年度,肥育猪的价格只有 5 元/千克。虽然比 1998 年的肥育猪价格高出 1 元/千克,但饲料价格要比 1998 年是高出 1 倍,养殖效益当属 2006 年最低。

我国现在基本还处于猪价波动的 3 年周期,这主要是由于我国养猪户大部分是小规模及农户散养,养猪行业门槛低或可以说是没门槛,看到猪价高时就不约而同利用现有简易猪舍一拥而上,等到猪价大跌时又如潮水般退出。所以,养猪行业总是在大喜大悲及冰火两重天中生存,使养猪从业者受尽煎熬。同时,养猪效益还受多种因素影响,如养殖规模、管理水平、投资来源等。现在规模养猪场的养殖成本要远高于农户散养,农户养猪饲料成本可占到 90%,其他成本很低,而规模养猪场还涉及高昂的人工成本、固定资产折旧、银行利息、办公费用等多项支出,规模养猪场负担沉重,用传统的 5.5∶1 的猪粮比价来衡量养猪的盈亏已经不能说明问题。

(六)养猪观念

我国养猪从业者的养猪观念普遍落后,最突出的表现是认为"养猪很容易,养猪没有多少科技含量"。另外,养猪场普遍缺乏环保意识,更无低碳养殖、福利养猪的概念。搞房地产的、开煤矿的或其他行业的老板、大款儿动辄大手笔投入开始投身养猪,但他们对养猪业存在的风险认识非常不足,认为找一位专家做顾问就能解决技术问题,至于管理根本没考虑,不清楚、不懂得养猪业需要管理人才。殊不知管理是任何企业的根本,技术只能在良好的管理基础上才能发挥作用,规模化养猪也是同理,必须先有管理,要把"养猪场"变成"养猪厂",实行工厂化、制度化的管理,杜绝人为的、随意性的、散漫式的无序管理。

养猪是一个系统工程，随着疾病种类的增多，发病危害的加重，养猪人对疾病的重视程度越来越高，但疾病多发的现象使许多人忽略了其他因素，如品种、营养、环境、饲养管理、保健等，因为这5个因素是环环相扣的。我国地方猪种饲养难度小，对营养、环境、饲养管理要求相对较低，所以发病率和死亡率都低，相对于引进品种优势很明显。而引进品种尽管瘦肉率高、生长速度快、饲料报酬高，但其繁殖性能差、适应性差、应激大的弱点也非常明显。所以，饲养引进品种，必须改变养猪观念，优良品种必须辅以良好的环境条件、全价的营养和周到的饲养管理，用粗放的管理对待引进品种，结果可想而知。笔者曾给有些养猪人总结了4种病：无知病、懒惰病、贪小便宜病、侥幸心理病。无知病是不懂技术、不懂管理或者是不懂装懂；懒惰病是指该干的不想干或向后拖，懒汉养猪是现实中不存在的模式，依靠懒汉不可能干成任何事；贪小便宜病是指经常算小账，购买饲料或药品时把价格放在主要位置，忽视了一分价钱一分货的道理；侥幸心理病是指干任何事情都抱着侥幸心理，而不是凭正确和科学的指导。想搞好养猪就要更新理念，就要有投入，包括人力、财力和物力。做任何企业都一样，考虑的应该是投入产出比而不是"省"。养猪实践中在投入人才、设备、品种、饲料、兽药疫苗时要考虑其能带来的产出，只要投入产出比高就要不惜投入。

二、发达国家的养猪现状

（一）养猪发达国家的生产水平

全世界养猪总存栏 10 亿头左右。中国生猪存栏数达 5 亿头左右，约占 50%。猪肉在世界肉类消费中占有重要地位，并呈现稳定增长势头，1961—2007 年，猪肉产量平均增长速度为 3.28%，超过肉类产量平均增长速度（3.05%），世界人均肉类消费量 40 千克，其中猪肉最多，年人均消费 15.5 千克。

养猪业发达的国家主要在欧洲及北美，如丹麦、瑞典、加拿大、法国、美国、荷兰、英国等。亚洲的韩国、日本和我国台湾省养猪水平也较高，亚洲大部分地区、南美、非洲等则处于较低水平。世界养猪业也经过了由初级到高级的发展过程，各个国家的发展水平不平衡，养猪业的发达程度也代表着一个国家的畜牧业发达程度。荷兰整体养猪水平很高，母猪年提供断奶仔猪数 26 头以上，有的达到 30 头，母猪年产胎次在 2.4 胎以上，返情率为 7%。丹麦是公认的"养猪王国"，2009 年畜牧业产值占农业总产值的 90% 左右，畜牧业产值中养猪业占 40%、奶牛业占 26%、肉牛业占 15%～20%。表 1-1 为丹麦养猪生产指标。

表 1-1　丹麦养猪生产指标

项　　目	指　　标	项　　目	指　　标
窝产仔数	14.7 头	分娩率	90.6%
年断奶仔猪数	30.5 头	饲料转化率	2.6∶1
胎　次	2.4	日增重	1005 克

续表 1-1

项 目	指 标	项 目	指 标
断奶日龄	25 天	屠宰率	76.3%
断奶体重	6.3 千克	瘦肉率	59.5%

（二）繁育体系

良种在畜牧业中的贡献率占 40% 左右,是低碳养殖的关键。随着科技的发展和人们生活水平的提高,世界猪育种的若干方面也在发生着变化,育种的重点已由原来的降低背膘厚、提高生长速度,转变为提高瘦肉组织的生长效率、提高繁殖性能、改良肉质,提高抗逆性、产品的一致性和降低单位产品的生产成本等。表 1-2 为 1990 年以来猪育种的发展变化。

表 1-2　世界猪育种发展

	瘦肉率	饲料效率	生长速度	产仔数	肉 质	抗病力
1990 年以前	48%	37%	15%			
1991—1995 年	35%	30%	16%	19%		
1996—2000 年	20%	15%	20%	40%	5%	
2001—2005 年	20%	12%	20%	32%	10%	6%

养猪发达国家对猪育种工作高度重视,育种系统各有特色,在育种目标、性能测定、选择方法与技术手段等方面有了新进展。分子遗传标记的应用、转基因工程技术的发展、超数排卵和核移植的应用,提高了选种的准确性、生长速度、肉质和母猪的繁殖力。种猪业发达的国家有丹麦、加拿大、美国、荷兰、英国、比利时等。在

猪育种方面丹麦处于领先地位,丹麦猪育种计划(简称丹育)包括纯种猪(父系猪:汉普夏和杜洛克;母系猪:长白和大白)的选育改良、杂交计划和繁育体系的建设3个方面。丹育于1988年将PEST软件应用于统一遗传评估和联合育种,并于1992年开始将长白猪和大白猪的窝产仔数性状列入EBV(估计育种值)选择指数进行选育。经过100多年的育种系统科学培育,培育出了瘦肉型猪种长白猪,又名"兰德瑞斯",是丹麦国宝、世界良种猪之一。全国建立起了高效的三级良种繁育体系,共有72个核心群参与种猪选育。第一级核心群存栏长白、大白和杜洛克母猪8 600头;第二级种猪繁殖群存栏长白和大白母猪46 000头;第三级生产群存栏种猪约100万头。90%~95%母猪采用人工授精的方法,配种的精液全部由性能测定站经过测定的种公猪统一提供。养猪企业普遍饲养良种猪群,母猪年提供断奶成活仔猪数全国平均达25头以上,肥育猪平均日增重达900克以上,饲料报酬2.43,胴体瘦肉率在60%以上,肥育猪达110千克体重在160日龄以下。据介绍,在"丹育"公司的5家500~1 200头基础母猪的顶级种猪场中,母猪年提供的断奶成活仔猪数达31~33头。

(三)规模化、专业化、标准化水平高

规模化、专业化、标准化生产是商品经济发展的趋势。养猪也不例外,国外的养猪趋势是养猪户数减少,户均饲养头数增加,养猪规模基本稳定。以丹麦为例,20多年来,生猪出栏量翻了1番,但养猪户数从1984年的52 172户减少到2009年的5 819户;1989年出栏200头以下的猪场有21 256个,到2009年减少到986个;1989年出栏5 000~10 000头的猪场有140个,到2009年增加到923个,实现了规模化经营。此外,各猪场按自身条件进行分工,在丹麦的5 819个猪场中,有种猪场547个、商品猪场2 185个、自繁自养场3 087个,实现了专业化,确保了高效生产。

美国是世界养猪生产大国,生猪存栏数和猪肉产量占世界第二位,早在2003年,生猪存栏数就达6082万头。美国的养猪场绝大部分采用集约化管理,机械化、自动化、现代化程度高,猪舍小环境由计算机控制(机械通风、电热供暖、自动水幕降温等),饲喂系统全自动控制,定时将饲料由舍外储料塔输送至食槽,自动饮水系统不仅保证猪随时喝到清洁饮水,而且在必要时可向饮水内添加药物。向我国大批量出口猪肉的史密斯·菲尔德公司,是全球最大的生猪养殖和猪肉加工企业,在财富500强企业中名列305位,每年养猪1160万头,占全美总量的26%。这家公司在北卡罗来纳州布雷登县的大型屠宰场,每天宰杀生猪近8万头。

在荷兰,规模扩大的同时机械化和自动化程度也得到了大幅度提高,除30%以上的猪场应用Velos母猪智能化饲养管理系统外,多数猪场都有自动供暖、自动通风、自动饲喂设备。猪舍的建材也不再是砖石,而是节能、便于装卸的现代化建材,猪舍建筑结构均为全封闭式,采用优质轻钢内加保温泡沫作墙体与房顶的建筑材料,舍内栏与栏之间隔断部分也采用轻钢夹泡沫板,安装拆卸极为方便。在保温方面,只加热乳猪及保育猪的躺卧区域地板,不主张提升舍内温度,从而大大节约了能源,实现了低碳养猪。由于设备自动化程度高,荷兰的猪场建设投资比我国高很多,使得荷兰的养猪业有更高的回报。

韩国养猪场的主要生产工序基本上实现了机械化,大型运料车(自动搅拌)、大型铲料车、大型运畜车是必备设施,喂料、饮水、控温换气全部由计算机自动控制。

在丹麦饲喂全部实现自动化。猪每天的采食量由计算机控制,根据不同生长期定时、定量喂养,实现了标准化。饲养1000头肉猪,仅需0.3个劳动力。良好的饲料条件和先进的设施设备,不仅保证了极高的生产性能,而且大幅度提高了生产效率。

（四）注重环境保护、发展循环经济

养猪发达国家环境保护及减排意识很强,对养猪业的粪污处理、臭气控制非常重视。日本猪场都有粪污处理设施或是采用生物发酵床养猪。多采用粪尿固液分离工艺,在生产过程中使用酵素,除掉 3/4 臭味以减少温室气体的排放。

在荷兰重视环境保护,着眼持续发展。猪场的粪尿从不排到露天外,而是排放到猪舍地下封闭水池,再由特种粪车抽走马上回田,直接灌压到作物或牧草行株地下 30 厘米以下的土壤中,或发酵处理回田。每个环节基本上都处于封闭状态,这样大大减少了氨氮挥发带来的氮源损失,并减少了空气污染。

丹麦是开展循环经济实践最早的国家之一。尽管大量养殖企业遍布全国,但整个丹麦的城乡环境十分整洁干净。近年来,丹麦加大对环境无害饲养技术的研究力度。目前主要研究的课题有改进饲料配方减少粪便中氨气的蒸发量、减少母猪饲料中磷含量、促进钙和磷的消化吸收、制定新的粪便排放标准和动物单位标准等,努力将各种污染减少到最低限度。为了防止氮流失和污染地下水资源,猪的粪肥要经过发酵处理后按规定的时间(春秋 2 次)施入田间,并通过计算机网络向农业部门报告,农业部门定期抽查。

我国可借鉴国外经验,把发展种养结合的循环畜牧业经济,作为解决养殖业污染的根本途径。按照"植物生产、动物转化、微生物还原"的思路,实行区域内种植业为养殖业提供饲料,养殖业为种植业提供有机肥等资源,采用"畜—沼—菜"、"畜—沼—果"等循环经济模式,实现粪污就地消纳。同时,加大畜禽养殖废弃物资源化利用力度,积极发展有机肥加工等新兴产业,鼓励大型养猪场利用沼气发电,实现节能减排,为发展低碳经济做贡献。

(五)提倡福利养猪

欧美大部分国家在 19 世纪就基本完成了防止虐待动物法的立法。如今,100 多个国家已有了动物福利法,动物福利组织已在世界范围内蓬勃发展起来。早在 1999 年,英国禁止将妊娠母猪单个限定在保定栏内,2012 年欧洲也将普遍禁用。2003 年(英国)动物饲养福利法规对养殖户饲养的各类猪只的圈舍环境、喂养方式作了细致的规定。从中我们可以看出,提倡猪的福利饲养是给猪提供舒适、更符合其自然天性的饲养环境,并提供更加"猪性化"的管理。如法规提到:

母猪和青年母猪除了预产期的前 7 天和哺乳期间外,都应群养。

群养的圈长度不低于 2.8 米,若少于 6 头时也不少于 2.4 米。

断奶后的仔猪要尽快群体饲养,尽可能地保持群体稳定、减少混群。如果不同的群混养时,越早越好,最好在断奶前或断奶 1 周内。一旦混合后要有足够的空间,满足遭到其他猪的进攻时能够逃跑和隐藏。

对动物福利的重视,不单只是为了让动物生活舒适,确保家畜享有动物福利,而且提供家畜良好的生长条件的同时,还增加了家畜的生产和养殖场的利润;重视动物福利对家畜的健康和性能均有积极影响,因为在缺乏适当的环境和饲养管理时,无论家畜有如何优秀的基因型,也难在生产中完全表达。

西班牙的伊比利亚黑猪是典型的福利养猪,顺乎猪的自然。每年 12 月至翌年 3 月份,已养到 85～115 千克的西班牙伊比利亚黑猪,被送到橡果林放山吃栎树、橡树的果子,它们至少有 4 个月的放山无笼走动时间,成功长胖了 50％以上的会被选为最高等级火腿的原材料。虽饲养时间多出 1 倍,但伊比利亚黑猪的肉一点也不老韧,由于脂肪极多,又经过山间放养经常运动,所以脂肪都渗进肌肉里,肉质是雪花状,吃起来肉香、油香兼备,成为肉中极品。人类为伊比利亚黑猪提供舒适生活的同时,自己也获得了美味的食品和丰厚的经济收入。

在"动物福利"的背后,其潜在的经济影响不容忽视,由于越来越多的国家尤其是发达国家已经开始将动物福利与国际贸易紧密挂钩,动物福利潜在的贸易壁垒作用不可小视。动物福利说大一点,关系到社会文明水准;说实际一点,关系到我国经济的发展。因此,我们应当及时更新观念,跟上国际社会的潮流。这不是赶时髦,而是我们的动物产品走向国际市场的必然选择,即必须按照国际规则办事,重视动物福利问题。

伟大的科学家爱因斯坦曾说过:"我们的任务是一定要解放我们自己,扩大我们同情的圈子,包容所有的生命和美妙的大自然"。

(六)国家对养猪业进行宏观控制

许多养猪发达国家都对养猪业进行着宏观控制,它们根据国情资源对生猪的承载量做出预测,进而确定母猪的数量。通过控制母猪的数量,达到控制全国养猪业的目的。任何国家如果不控制数量就会使养猪业走向无序。

荷兰宏观控制有方,并非谁想养猪就能养。目前,全国控制母猪数为120万头左右。新从事养猪行业必须具备以下条件:

①要有销售订单。

②要有排污接收者证明。荷兰规定养猪场排污必须回田,多由作物与牧草种植户用专车将粪水抽走,直接灌压到作物或牧草行株地下30厘米以下的土壤中,或发酵处理回田。

③要购买生产许可证,每证450欧元。当指标已满就必须从现有养猪户中获得转让证明。转让价格由双方商定。

④必须服从到指定区域建场。

受益于宏观调控,荷兰养猪业几乎没有大起大落,其利润周期也是 3 年,但在低谷时也可盈利,只不过利润少罢了。

在丹麦,有法律对农场的面积和农场主可拥有家畜的数量进行限定。每个农场饲养家畜的数量不超过 500 个动物单位(1 个动物单位相当于 1 头奶牛、或 3 头种猪、或 30 头生猪、或 2 500 只肉鸡)。但一般农场在达到 250 个动物单位时,相关部门和机构就要对其环境效应进行评估,根据评估的结果再决定是否同意其扩大规模,严格按照每公顷土地生猪承载量不得超过 42 头。通过制定严格的生产规程、环保规定和有效监管,推行种养结合、生态循环的养殖方式,防止了污染,为丹麦养猪业的可持续发展奠定了良好基础。

(七)社会分工细化、协会作用重要

国外养猪场分工很明确。美国的养猪场一般没有饲料加工厂(间)等附属车间,种猪场只负责生产仔猪,仔猪场只负责保育,肥育场只进行肥育,专业化分工非常明确,日常管理专业性强,但难度却相对减小。美国养猪的社会化服务体系也非常发达,市场规则也很完善,猪场规划、猪舍设计、猪场建设、设备制造与安装、种猪供应、饲料供应、精液供应、防疫消毒、肉猪销售等各个环节都有专门的公司负责。在日本,大型养猪场在专业化生产的同时,都形成生产、加工、超市、餐厅一条龙。大力发展畜产品深加工以及产前、产中和产后系列服务,促进了农村剩余劳动力转移和畜牧业向更高水平的迈进。

在协会建设方面丹麦是典型示范。丹麦合作社的发展有 100 多年的历史,丹麦养猪生产者和屠宰场联合会(简称屠宰协会/DS),是丹麦养猪业唯一的行业协会。丹麦所有养猪的农场主和屠宰场都是 DS 会员,农场主合作经营屠宰场,参与屠宰场的年终利润分配。丹麦养猪行业已经形成高度组织化的生产体系,形成了高水平的专业化生产和一体化服务。DS 于 2005 年 11 月宣布与丹麦家畜和肉食委员会、丹麦禽肉食品协会合并,组建丹麦肉食品和家禽协会(danish meat&poultry association),将丹麦的猪肉、牛肉、家禽和蛋品产业进行了新的整合。

丹麦的猪肉产业链是双链,一条是种猪、商品猪、屠宰加工和出口;另一条是根据农场主销售给屠宰场的瘦肉重量参与屠宰场的利润再分配。每生产或屠宰1头商品猪,农场主缴纳4.9克朗的会员费和5.5克朗的屠宰税,政府不征收屠宰税,屠宰税归DS所有。DS每年大约有2.5亿克朗的预算来自商品猪,并将这些资金用于种猪育种、生猪饲养、屠宰、市场营销、检疫防疫、猪舍建设、动物福利等各方面的协调和组织实施工作。协会主要宗旨有以下几个方面:一是养猪行业的代言人,要最大限度地保障该产业农民的利益,代表该行业与相关机构对话;二是与其所属的职能部门和董事会密切配合,制定产业发展战略;三是研究开发新产品,为农场主提供各项技术服务;四是开展产业内部合作,推动养猪产业一体化中各环节的协调与合作等。

三、低碳型养猪关键措施、技术及发展趋势

(一)低碳养猪的概念及由来

低碳经济是以低能耗、低污染、低排放、高效率为基础的经济发展模式。对于养猪来说,低碳养猪实质是能源高效利用(推广良种、饲料转化率提高等)、清洁能源开发(猪粪污发酵产生沼气,沼气用来发电等)的问题,核心是健康高效养殖、能源节约及开发、减排技术等的综合运用。

低碳经济的提出是由于大气中过高浓度的温室气体(Greenhouse gases,GHG)引起温室效应造成的,最早由英国人于2003

年提出。大气中的二氧化碳(CO_2)、甲烷(CH_4)和一氧化二氮(N_2O)是3种重要的温室气体。小规模的养殖主要是解决人们的温饱、生存问题。随着人类的发展,进入到效率更高的工业文明是一种必然的结果。养猪业的规模化、工业化也是必然趋势。工业化养猪的特点是使用了机器来替代手工劳动,规模化生产使人类所获得的生猪产品迅速丰富,但在高速生产的同时对地球资源的消耗与污染也急剧加速。

温室气体的增加是由人类生产与生活活动引起的。其中,养殖业排放大量的温室气体,联合国粮农组织(FAO)2006年的报告指出,畜牧业的温室气体排放量占全球温室气体排放量的18%。全球动物废弃物产生的GHG主要来自规模化、集约化养猪和家禽生产,废弃物处理与利用过程的改进为温室气体减排带来很大空间。

低碳养猪是继工业化、集约化养猪之后,养猪发展的一个崭新阶段。其实质是,要摒弃高能耗、高污染、低效率的传统模式,其标志是技术创新和能源消费效率的提高,节能减排和发展循环经济是落实低碳养猪的重要步骤。

(二)发展低碳养猪业的意义

养猪业发达的国家早已从改变饲养模式、提高效率、节能减排方面着手努力实践低碳养猪。比如荷兰1999年以前母猪初产活仔数为10.9头,1999年以后,开始应用Velos智能化母猪饲养管理系统,该系统的使用不仅使母猪的饲养更加福利化、更节约资源,同时大幅度提高了母猪的生产效率、提高了猪场的生产成绩,母猪年提供断奶仔猪数达26头以上,其中个别猪场母猪年提供断奶仔猪数达到30头,母猪年产胎次在2.4胎以上,返情率仅为7%。

我国是养猪大国,养猪业的低碳减排具有重要战略意义;同时,低碳养猪是我国科学养猪和实现养猪业可持续发展的重要内容。据测算,体重60千克和90千克的杜长大商品肉猪日排放甲烷量分别为1.46升与2.57升。在粪便甲烷的排放中,猪粪的甲烷排放量最为显著。以1994年为例,我国动物粪便年甲烷排放总量约为87万吨,猪粪便管理系统甲烷排放量约为52.2万吨,占粪便甲烷排放总量的60%。所以,要实现低碳养殖养猪业是减排大户。我国现在的规模化养猪生产水平低,2011年我国猪存栏为4.77亿头,但出栏6.61亿头,出栏率只有138.5%。而养猪发达国家出栏率多在170%以上,如丹麦184.14%、美国177.9%、法国177.68%、德国170.50%。按此推算,同样出栏6.61亿头肥育猪,发达国家存栏猪只需3.88亿头,9千万头的差距!这是惊人的差距!每年多存栏9千万头猪将浪费大量的饲料、石油、煤炭和水电并排放大量污染物及温室气体。低碳养猪是以低能耗、低污染、低排放、高效率为基础的,低能耗(节料、节油、节水、节电、节材、节劳)、高效率(高出栏率)能为猪场带来更高的经济效益;低污染、低排放也正符合社会发展的需求,所以低碳养猪在我国有极大的发展前景。

对于广大的中小规模养猪户,低碳养猪更是迫在眉睫的大事,目前大多数农村生猪养殖存在人畜混居、粪污污染、农业废弃物未充分利用等问题。按照低碳养猪的发展理念,采用适宜的猪种、饲料配方优化、青绿饲料的应用、管理的改进与发酵床养猪等高效环保养猪技术,不仅可充分利用棉粕、菜粕、糠麸等农副产品和猪粪尿等废弃物资源,而且可有效解决农村养猪环境污染问题,改善农村生态环境。

(三)低碳型饲养关键技术

当前养猪碳排放主要来自以下几个方面:①猪本身温室气体排放:呼吸道及猪肠道发酵引起的碳排放。②猪场生产过程的碳排放：生产中如猪群的保温、降温、通风，饲料加工等过程中大量的耗煤、耗电、耗油产生的碳排放。③废弃物发酵引起的碳排放：养猪场排放的大量粪便污水发酵过程产生的温室气体。④流通环节引起的碳排放：相关物料（原料、产品、药品、生猪等）运输过程的能源消耗引起的碳排放。

针对养猪生产碳排放的特点，养猪的低碳减排主要措施有：

1. 慎重选择养猪，达不到条件的尽快下马　由于长期形成的潜在意识，绝大多数人认为养猪很容易，而且从 2007 年开始政府还加大了补贴和支持的力度。所以，从 2007 年开始新建养猪场的数量大幅度增加。之所以政府大力支持就是因为这一行业难度大、利润低，单纯靠养猪来赚钱的猪场很少。世界各国均有不同程度的农业补贴，如日本政府采用饲料补贴的办法，促进养猪生产，政府对养猪户补贴 1/4～1/2 的饲料费。日本每年的农业补贴总额在 4 万亿日元以上，农民收入的 60% 来自政府的补贴，政府对农业的补贴超过了农业产值。

由此可见，养猪这一行业难度很大，并非高利润行业，而且风险大。养猪的周转很慢，从建场开始 3 年之内均为投入阶段，养猪场需资金支持，需严谨的管理，需科学的饲养技术。有许多养猪场和养猪户是草草上马，存在资金困难、猪场设计不合理、没有养猪技术人员等严重限制猪场发展的瓶颈，这些猪场普遍生产成绩差并处于亏损状态，而且很难改变现有状态，没有发展前途。所以，诸如此类的猪场应尽快下马，在减少企业和个人经济损失的同时，也可减少社会资源的浪费、减少养猪业的碳排放。

2. 合理选择现有猪种　现在我国饲养的猪种很多，大白猪就有英系、法系、美系、加系、瑞系、丹系等，长白猪、杜洛克猪也分诸多系别，另外还有许多配套系猪种，如比利时斯格、美国迪卡、加拿大赛博迪、海波尔，荷兰的达兰等。我国的地方猪种更是丰富无比，近年的饲养量呈上升势头。如此多的猪种选择哪一个饲养，要根据猪场自身的设施设备条件和技术实力来决定。

3. 合理利用饲料资源 饲料是养猪最大的开支项目,饲料成本占总成本的比例在一般猪场为 70% 左右,个体养猪户所占的比例更高,同时饲料的成分直接影响粪便中氮(N)、磷(P)的含量。所以,饲料营养在低碳养猪中占有极其重要的地位。

猪是杂食动物,可以消化很多种类的饲料原料,不仅仅限于玉米豆粕型饲粮。对于规模化猪场来说照样可以根据本地的资源调整日粮配方,从而最大限度地降低饲料成本,提高饲料转化率,降低温室气体排放,达到低碳养猪的目的。

利用青粗饲料发展养猪是低碳养猪的重要方法之一,用青粗饲料替代部分精料(10%～30%)喂母猪和肥育猪,特别是我国地方猪种及其杂交猪,不仅可降低饲料成本,改善生产性能,而且通过青粗饲料的种植,可以有效地吸收二氧化碳,减少碳的排放。

4. 科学饲养 主要指应用科学的饲养管理与环境控制及疫病防控等技术,提高猪的出栏率、提高养猪生产效率、减少单位产品的能耗或缩短达到相同体重的饲养周期,这样可以减少大量的碳排放,并给猪场带来可观的经济收益(主要体现在每头出栏猪的分摊成本、费用降低),这正是养猪业推进节能减排的动力。

在饲养管理方面,已有许多成熟的技术,要我们做的只是踏踏实实做到位、不折不扣地去执行,在许多猪场往往做得似是而非,不注重细节,这是他们出栏少、效益差的重要原因。饲喂方式上可采用限制饲养、分阶段饲养、分性别饲养、湿拌料饲喂、青饲料打浆拌料饲喂等,这些都是节约资源、低碳减排的重要措施。值得一提的是,虽然我国的地方猪种及其杂交猪有一定的耐粗饲特性,但不是说可以粗放对待,仍然要付出 100% 的努力精心饲养。在保证猪只健康的基础上,在计算投入产出比更合适的情况下,尽可能多地喂青粗饲料、减少环境控制的力度以降低能耗。

实施环境控制,如升温、降温、机械通风等需要消耗煤、电、油等,低碳养猪只是在获取猪肉产品这一前提下来采取各项节能减排措施。在一些猪场冬季舍不得给猪花钱用电、用煤提高温度,虽说节省了部分能源,好像降低了碳排放,但猪群因此生长缓慢或发生疾病,甚至出现死亡现象,反而背离了养猪的主题,造成了更大的浪费,使单位产品的碳排放加大。

在疾病防控方面,我们的养猪业存在许多误区,许多猪场、养殖户只知道用疫苗、消毒来防,用药物来控,我国多数猪场用药及疫苗很多,但却是疾病不断、死淘率高、出栏率低,造成了大量无谓的碳排放。现在国外许多养猪发达国家已全面禁止在饲料中添加抗生素,他们的生产成绩反而比以前有了提高,究其原因根本在于他们的饲养管理到位、环境控制到位,能为猪提供全面的营养、舒适的环境(温度、湿度、空气质量),使得猪的体质健壮、自身免疫力(非特异性免疫力)强大,从而减小了猪只患病的可能性。我们应从中得到启示,要坚决贯彻"养重于防、防重于治"的养猪原则,当然对于控制猪病来说,生物安全措施、疫苗及药物的使用也是非常关键的技术。

5. 科学规划猪场,采用先进、实用的养猪设备 常言道"工欲善其事,必先利其器",养猪场的硬件是养猪的基础,如果硬件存在问题,以后的养猪生产会后患无穷。所以养猪的第一步是科学规划猪场。

要做到低碳养猪就要推广节能型猪舍,做好场内绿化。通过合理的建筑结构设计、材料选用等,最大限度实现冬暖夏凉,减少温控对石化能源的消耗。在猪舍建筑中,少用1吨水泥,就可平均少排放二氧化碳0.79吨,少用1吨钢材,就可平均少排放二氧化碳2.539吨;对猪舍的取暖没有必要采取猪舍整体加温方式。水暖循环地热供暖方式,是以猪腹部实感温度为保暖主要目的的局部供热,它既可以使猪感到舒适,又可以节约大量的能源,是低碳养猪的有效措施,并且可以一次投资,多年受益;发酵床式养猪有助于粪污的处理,并可满足冬季取暖。

规模较大的猪场可考虑使用母猪智能化饲喂系统、湿拌料自动饲喂系统、粪尿处理、沼气发电等先进设备以提高猪场的生产性能及生产效率。猪场应尽量设计成干清粪方式以缓解粪污处理的压力、降低碳排放。

种植花草树木美化净化环境,做好猪场的绿化美化工作,明显改善场内环境。据环保机构监测,绿化可使夏季气温下降 10%～20%,场内有毒有害气体减少 25%,臭气减少 50%,尘埃减少 35%～65%,细菌数减少 20%～80%。

一些老旧猪场为达到低碳高效养猪,应对现有圈舍进行合理改造,如猪舍外加保温层,保育猪舍、肥育猪舍可安装地暖、加装自然通风设备等。

6. 加强猪场粪污处理　猪场的粪污主要包括粪便、污水,粪污处理不当不仅会产生大量的碳排放,而且会污染生活环境,是所有猪场很感头痛的事。

处理粪污有机物的最佳途径是土壤微生物的分解和消化,这是大自然生态循环的可持续发展道路。我国有许多猪场把污水送到丘陵山坡,由果树、山坡野草自然消纳,另外,"猪—沼—稻(林、果、菜、渔)"等生态养殖模式,实现了资源的循环利用,降低了生产成本,减少了环境污染,这些都是很好的方法。但需要注意的是土地、池塘等有一定的承载量,据我国土肥专家的研究,每公顷农用地每年可消纳 15～45 吨有机肥料。利用"发酵床"养猪,把粪污排在发酵床的垫料中,可以大大减少污水的排放。

7. 国家的宏观控制　在我国养殖业是不受限制的,想什么时间养、想养多少自己说了算,整个养猪业处于无序状态,所以经常看到行情的大起大落,猪场的粪污处理也无从管理。当然,这与我国养殖业的小规模农户偏多有很大关系,但我国还是应该借鉴国外经验,首先对规模化猪场的建设加强宏观控制,提高猪场准入门槛。在病死畜禽的处理方面,现在是各场自己销毁或深埋,很不现实。应加大国家投入,建设公益化的、集中处理的病死畜禽化制厂。日本和我国台湾都有好的经验。台湾的"化制厂"每县1个,任务就是集中烧毁病死畜禽。运来的病死畜禽,采用高压蒸汽杀菌,分离出油脂和肉骨粉。肉骨粉含粗蛋白质50%,可替代鱼粉,价格是鱼粉的50%。合格油脂可作饲料,不合格油脂作工业用油,这样既可保证病死畜禽的安全处理,又可充分利用这些资源。

(四)低碳养猪的发展趋势

1. 国外低碳养猪的发展趋势 开展营养研究改进配方,提高饲料利用率,改变动物粪便成分,以减少温室气体的排放,如低蛋白饲粮的开发有助于减少氮排出,进而减少粪便一氧化二氮排放。

从遗传育种的角度开展节能减排工作,对不同遗传性能的畜群碳排放进行预估,从而发现更符合低碳要求的良种。

继续研发智能设备提高养猪的劳动生产效率,在保持一定出栏数量不变的基础上,减少存栏猪的规模,进而达到低碳养殖的目的。目前已经运用的母猪智能化饲养设备是一个很好的例子,但对哺乳母猪来说还需开发新型的设备。

对粪污处理进行深入研究,如沼气化利用等。

研发当地植物提取物,开展碳减排的研究。

以政府行为加强、改进家畜废弃物管理和农田施用过程的管理,减少温室气体的产生。

2. 我国低碳减排势在必行 近年我国开始重视环保,养猪业的环保压力越来越大,最受关注的是废水的达标排放及再利用。粪污处理给养猪业带来了沉重的负担。但提倡节能减排却能让养猪业获得新的生机。

　　低碳养猪是一个综合的技术体系,我国应重点推广以下几个关键技术:良种繁育技术;环境控制技术;饲料营养与饲养管理技术;废弃物处理与利用技术。其中关于良种,应加大地方猪种的利用、采用青粗饲料替代部分精料,开发地方猪种的现代饲养方式,探讨我国特色的低碳养猪体系。关于废弃物处理与利用,应遵循生态循环的原则,努力研发生态型养猪。猪来自大自然,还应回还大自然。

第二章 低碳型生猪饲养的
品种选择与杂交利用

碳减排已成为我国养猪业发展的一个新热点。而猪的品种与杂交技术对养猪生产的贡献率为 40％以上，可见品种及杂交利用在低碳养殖中的地位。我国饲养的猪品种、品系繁多，各养猪场或养猪户的规模、软硬件条件又有很大差别，如何根据自身的养猪条件选择猪种并充分利用，是直接关系到养猪户经营成败、效益高低的关键，也与低碳减排息息相关。选择饲养耗能低、产仔多、生长快、肉质好的低碳猪种具有重要的现实意义，这就需要养猪户对猪种及杂交利用技术有一个正确、充分的认识。因篇幅有限本章对猪的育种选育略去，重点介绍我国现在饲养量较大的猪品种的特性及如何利用杂交优势提高养猪经济效益，从猪的品种选择和杂交利用上来践行低碳型养猪。

一、猪种的选择原则

猪品种的好坏影响着养猪场的效益，因此，猪场应综合考虑选择适合自己的猪种，不能贪大求洋。

（一）根据生产性能选择

猪场在选择猪种时，应优先选择产仔率高、仔猪生长发育整齐、生长速度快、饲料转化率高、抗病性强的猪种。生产性能高，猪场的出栏率就高，就意味着单位产品的碳排放低，每头出栏猪的平均生产成本要低。

（二）根据适应能力选择

在选择猪种时，应考虑当地的自然气候条件，所选择的品种的适宜环境应与当地的相似，这样猪种引进后可迅速适应当地的气候环境，从而发挥出优良的生产性能。

（三）根据市场及消费特点选择

应根据市场、消费者的需要来选择猪种，随着民众消费水平的提高，消费者对瘦肉的需求量愈来愈大，规模化猪场应优先考虑饲养瘦肉型品种。但由于现在瘦肉型品种的肉质较差，所以部分消费者对我国地方黑猪及野猪的猪肉产生浓厚兴趣，一些高端消费者不惜重金购买，在一定程度上刺激了我国地方猪种的饲养。相对于瘦肉型品种的饲养来说，小户饲养地方猪会更经济、更环保、更低碳。但值得注意的是，现在地方黑猪等靠肉质生存的猪种还没有形成市场，规模养殖存在一定的风险。

（四）根据猪场自身的设施设备条件和技术实力选择

对经济、技术实力雄厚的规模猪场来说可以选择饲养纯种或配套系的祖代、曾祖代，这样可以使纯种的优良性能得以充分发挥，减少由于条件和技术的低劣而带来的种质资源的浪费，同时种猪的销售也会给猪场带来可观的效益；对一般条件的猪场来说可以饲养大白和长白猪的杂交母猪或配套系的父母代猪，这一类猪由于杂交优势的存在，性能更高、适应性更强；对小规模养殖户和家庭式饲养来说，最好的选择是只饲养商品杂交仔猪（20千克以上）进行肥育，如果饲养母猪的话也要选择适应性强的地方猪种或大白长白等良种与地方猪的杂交母猪。因为这些猪对环境、营养、技术的要求相对较低,而且可以充分利用农户的各种资源,产生的粪污可以归田利用,达到低碳且生态养猪的目的。

二、猪的品种

我国幅员辽阔,生态环境复杂多样,社会经济条件差异很大,我国人民经过几千年的精心选育,逐渐形成了丰富多彩的地方猪种资源。近年来,我国利用外国引进猪种杂交改良地方品种,培育了 19 个品种和 6 个配套系,更加丰富了我国的猪种资源。

(一)地方品种

我国的地方猪种曾多达 300 余种,每个品种都有自己的生活环境,生产当地群众所需要的猪肉产品。我国地方猪种普遍具有耗能低、污染少、耐粗饲、产仔多、肉质好等共同的特点。

我国地方猪种按其体型、外貌特征和生产性能,结合其起源、地理分布、当地的农业生产状况、自然条件等社会因素,大致可分为 6 种类型。

1. 华北型 主要分布在淮河、秦岭以北地区,包括东北、华北、内蒙古、甘肃、新疆、宁夏,以及陕西、湖北、安徽、江苏的北部地区和山东、四川、青海的小部分地区。这部分地区的气候寒冷、干燥,饲养粗放,因而使猪的体躯高大,四肢粗壮,背腰狭窄,头较平直,嘴筒长,额间多皱纹,皮厚毛密,鬃毛发达,毛色多为黑色,繁殖能力强,窝产仔数一般都在 12 头以上,但生长较慢。主要猪种包括民猪、黄淮海黑猪、汉江黑猪、沂蒙黑猪、八眉猪等。现在利用较多的是民猪和八眉猪。

(1)民猪 民猪广泛分布于东北三省及河北的东北部地区。民猪头中等大;面直长,耳大下垂,全身毛黑色。民猪乳头 7~8 对,性成熟早,繁殖力高,经产母猪窝产仔数可达 13~15 头,发情明显,母性良好,分娩时无须专人护理,具有专门化母系的优良品质。民猪肉质优良,抗逆性强,适应性良好,生长肥育性能一般。民猪的高繁殖力、优良的肉质和抗逆性强的特性在杂交生产和育种中有重要价值。

(2)八眉猪 八眉猪主要分布于陕西、甘肃、宁夏、青海等省份。八眉猪头较狭长,耳大下垂,额有纵行的"八"字皱纹,被毛黑色。八眉猪乳头 7～8 对,经产猪窝产仔 11～12 头。八眉猪肉质好,早熟易肥,具有较好的耐粗饲能力,随年龄的增加,对饲料中粗纤维的消化率也随之增加。八眉猪是一个较好的杂交母本品种,具有良好的杂交能力。

2. 华中型 主要分布于长江和珠江之间,这一地区气候温暖,雨量充足,自然条件较好,蛋白质饲料资源丰富。该地区猪种体质疏松,背较宽且下凹,四肢短,腹大下垂,毛稀且多为黑白花色。窝产仔数多为 10～13 头,生长较快,肉质较好。主要包括金华猪、大花白猪、宁乡猪、皖南花猪等,其中影响较大的是金华猪和宁乡猪。

(1)金华猪 金华猪主要分布于东阳、浦江、义乌、金华、永康、武义等县。金华猪体型中等,耳下垂,背微凹,腹大,四肢细短,毛色以中间白、两头乌为特征。性早熟,产仔多,经产母猪窝产仔数可达 14.2 头,成熟早,适宰体重小,一般 60～70 千克可宰杀,皮薄骨细,股骨比其他的品种细而长,适合做火腿。金华猪肉质细嫩多汁、肉味香浓、耐贮性好,金华火腿闻名于世。

(2)宁乡猪 宁乡猪产于湖南长沙宁乡县流沙河、草冲一带。宁乡猪体型中等,头中等大小,额部有形状和深浅不一的横行皱纹,耳较小下垂,颈粗短,有垂肉,背腰宽,腹大下垂,四肢粗短,大腿欠丰满,被毛为黑白花。宁乡猪经产母猪窝产仔数 10 头以上。宁乡猪属偏脂肪型猪种,具有早熟易肥,边长边肥,蓄脂力强,肉质细嫩,味道鲜美,性情温驯,适应性强,体躯深宽短促,体质松疏等特点。

3. 华南型 主要分布于南岭和珠江流域以南,包括云南的西南和南部边缘,广西、广东偏南的大部分地区以及福建的东南和台湾省。这一区域位于亚热带,雨水充足,青绿饲料丰富。该地区猪种体躯较短、矮、宽圆,皮薄毛稀、鬃毛较少,毛色多为黑色或黑白花,体质疏松,腹下垂、背腰宽阔多下凹,繁殖能力较低,窝产仔数多为6~12头。但性成熟和体成熟较早。主要猪种包括香猪、隆林猪、桃园猪、五指山猪、鄂东黑猪等,其中的香猪独具特色。

香猪产于我国贵州、广西接壤地带。根据产地、毛、皮颜色不同分为从江香猪,巫不香猪,环江香猪,剑白香猪,贵州白香猪,久仰香猪和巴马香猪等7个类型。香猪体型小,性成熟早,繁殖力低,皮薄肉嫩,肉香味美,双月龄断奶仔猪即可食用。香猪具有一小(体型矮小)、二香(肉嫩味香)、三纯(基因纯合)、四净(纯净无污染)四大特点。是理想的烤猪用原料猪,也可供医学实验动物使用。

4. 江海型 主要分布于淮河和长江之间。这一区域交通发达,饲料品种丰富。猪种从体型外貌、生产性能上处于华北、华中过渡型而差异较大,毛色为黑色或有少量的白斑,繁殖力高,经产母猪窝产仔数13头以上。主要包括太湖猪、姜曲海猪、虹桥猪、阳新猪、圩猪等,其中以太湖猪和姜曲海猪饲养数量居多。

(1)太湖猪 太湖猪分布于江苏省、浙江省和上海市交界的太湖流域。太湖猪体型中等,头大额宽,额部和后躯皱褶深密,耳大下垂,被毛稀疏,黑或青灰色,四肢、鼻均为白色。四肢粗壮,腹大下垂,臀部稍高,乳头8~9对,最多12.5对。依产地不同分为二花脸、梅山、枫泾、嘉兴黑和横泾等类型。太湖猪具有繁殖能力高、杂交优势强、肉质鲜美等特点。太湖猪的产仔性能蜚声世界,初产母猪窝产仔数平均12头,经产母猪平均16头以上,太湖猪的最高产仔记录为42头。太湖猪遗传性能较稳定,与瘦肉型猪种结合杂交优势强,适宜作杂交母本。

(2)姜曲海猪 姜曲海猪主产于江苏省海安、泰县一带,而以姜埝、曲塘、海安镇为主要集散地。姜曲海猪头短,耳中等大、下垂,体短腿矮,腹大下垂,皮薄毛稀,全身被毛黑色,乳头多在9~10对。它具有产仔较多、性情温驯、早熟易肥、脂肪沉积能力强、肉质鲜美等特点,是火腿的主要原料猪之一,但其个体较小,增重慢,瘦肉偏少。

5. 西南型 主要分布于云贵高原和四川盆地,这一区域气候温和,农业发达,饲料丰富。该区域猪头大,腿较粗短,毛色以全黑和"六白"较多,少数有黑白花或红毛猪,产仔数一般。主要猪种包括内江猪、荣昌猪、乌金猪等,其中以内江猪、荣昌猪的饲养量较大。

(1)内江猪 主产于四川省的内江市和内江县,分布于资中、资阳、简阳、安岳、威远、隆昌和乐至等县。体型较大,体躯宽而深,前躯尤为发达,全身被毛黑色。头短宽多皱褶,额皮中部隆起成块,耳大下垂,胸宽而深,背腰宽广,腹大下垂,四肢坚实。母猪繁殖力较强,经产母猪窝产仔10~11头。内江猪对外界刺激反应迟钝,抗逆性强。在我国炎热的南方或寒冷的北方,在沿海或海拔4千米以上的高原都能正常繁殖和生长。内江猪杂交配合力好,是我国华北、东北、西北和西南等地区开展猪杂种优势利用的良好亲本之一,但存在屠宰率较低、皮较厚等缺点。

(2)荣昌猪 荣昌猪主产于重庆荣昌和隆昌两县,后扩大到永川、泸县、泸州、合江、纳溪、大足、铜梁、江津、璧山、宜宾及重庆等10余县、市。荣昌猪头大小适中,面微凹,耳中等大、下垂,额面皱纹横行、有漩毛;背腰微凹,腹大而深,四肢细致、结实;鬃毛洁白、刚韧。荣昌猪以其适应性强、杂交配合力好、遗传性能稳定、瘦肉率较高、肉质优良、鬃白质好等优良特性而驰名中外。荣昌猪的鬃毛,以洁白光泽、刚韧享誉国内外。鬃鬃一般长11~15厘米,最长达 20 厘米以上,一头猪能产鬃 200~300 克,净毛率 90%。

6. 高原型 分布于青藏高原,适应高寒气候。体型较小,体躯紧凑,嘴尖长而直,皮厚毛长且生有绒毛,产仔数少,生长慢,主要猪种为藏猪也称藏香猪。

藏猪原产于青藏高原广大地区,主要分布于西藏自治区的山南、昌都地区及拉萨市,四川省的阿坝、甘孜地区,云南省的迪庆和甘肃省的甘南藏族自治州等地。藏猪被毛多为黑色,鬃毛长而密,被毛下密生绒毛。体小,嘴筒长、直,呈锥形,适宜拱食。耳小直立、转动灵活。体躯较短,背腰平直或微弓,后躯略高于前躯,四肢结实紧凑、直立,蹄质坚实,善于奔跑。乳头多为 5 对。藏猪有极强的适应能力和抗逆性,是其他猪种所不具备的独特种质特性。藏猪全身都是"宝",具有肉质鲜嫩、高钙低脂、营养丰富等特征。近年来,我国加大对藏猪遗传资源的保护和开发力度,种质资源得到有效保护,同时数量有了一定的增长。

7. 我国地方猪种资源的特点 我国猪种资源普遍具有多产性、肉质好、抗应激、适应性强以及耐粗饲等优良遗传特性,是适应低碳养猪的优良母本品种。

我国绝大部分地方猪种毛色为黑色或黑白花,这样冬天可多吸收热量,可节约供暖,而相对较小的体型,多皱褶的皮肤,使得地方品种猪的相对体表面积大于引进猪种,更有利于散热,从而减少猪舍降温的耗能。由于体型较小,所以中国地方猪的维持需要较少、日耗料较低,仅 2~3 千克,因此每胎猪的饲养成本就大大降低,这符合低碳养猪要求。

我国地方猪种消化系统的特点是宽肠大胃,可适应粗蛋白质水平 7%~16%,消化能水平 9.2~11.71 兆焦/千克的饲料,这是人工选择和自然选择的结晶,是典型的低碳型消化系统。

我国地方猪种的繁殖性能突出。公猪一般 4 月龄可配种,成年公猪每周可有效配种 14 次以上,且公猪使用寿命较长。母猪

4～5 月龄可配种,8～9 月龄产仔,母猪可用的平均寿命为 10 年左右,最长超过 20 年,相对于国外猪种 3～4 年的利用期限这无疑是巨大的节约、超级的低碳。

我国地方猪种抗病能力强。应激死亡,肢蹄病淘汰,难产,产后无乳综合征,瘫痪,不育淘汰,腹泻等非传染性疾病在引进的瘦肉型猪种中发病率极高,但在我国地方猪种中概率极低,从而节省了大量的医药费,减少了种猪的淘汰。

(二)培育品种

新中国成立以来,我国共培育猪种 40 多个,这些培育猪种为我国的养猪业发展做出了贡献。这些培育的品种主要用作母本,与杜洛克、长白、汉普夏、皮特兰猪等进行杂交,杂交优势明显,日增重快,肉质好。以下为我国主要的培育品种。

1. 哈尔滨白猪　哈尔滨白猪产于黑龙江省南部和中部,以哈尔滨市及周围各县较为集中。哈尔滨白猪是当地猪种与约克夏猪、巴克夏猪和俄罗斯不同地区的猪进行无计划的杂交,1951 年由东北农学院对杂交群进行选育,1975 年确定为新品种。

哈尔滨白猪体型较大,两耳直立,颜面微凹,背腰平直,腹稍大而不下垂,腿臀丰满,四肢强健。全身被毛白色,乳头 7 对左右,成年公猪体重约 200 千克,母猪约 170 千克。母猪头胎产仔 9～10 头,经产 11～12 头。肥育阶段日增重约 587 克,屠宰率 74.75%,瘦肉率 45.05%,背膘厚约 5.05 厘米。该猪种具有较强的抗寒和耐粗饲能力。

2. 上海白猪　原产于上海近郊的上海县和宝山县。它是由来自德国的白猪、苏白猪、中约克夏和太湖猪经长期复杂杂交育成。1979 年被认定为一个新品种。

上海白猪体型中等,体质结实,耳中等略向前倾,背宽腹稍大,全身被毛白色。成年公猪体重约 260 千克,母猪约 180 千克。母猪头胎产仔 9～10 头,经产母猪产仔 12～13 头。生长肥育阶段日增重约 615 克。屠宰率 70.55％,胴体瘦肉率 52.49％,背膘厚约 3.69 厘米。该猪种产仔较多,适应性强,既能耐寒又能耐热。

3. 湖北白猪 原产于湖北省,它是以通城猪、荣昌猪、长白猪、大白猪为亲本,以"大×(长×本)"组建基础群,经系统选育育成。1986 年通过品种鉴定验收。

湖北白猪体格较大,头轻而直长,两耳前倾或稍下垂,背腰平直,腹小,腿臀丰满,被毛白色。成年公猪体重约 250 千克,母猪约 200 千克。母猪头胎产仔 10～11 头,经产 11～12 头。屠宰率 71％～72％,瘦肉率 57.98％～62.37％,背膘厚 2.49～2.89 厘米。该猪种具有耐粗饲特性,繁殖性状和肉质性状优秀。

4. 三江白猪 三江白猪是我国第一个按计划培育的肉用型新品种,原产于黑龙江东部合江地区。采用长白猪与民猪正反交,然后再与长白猪回交,所得后代组成零世代,经过 6 个世代的横交与选择而育成。1983 年通过鉴定验收。

该猪种头轻嘴直、耳下垂、背腰平宽、腿臀丰满、四肢粗壮,全身被毛白色。该猪种肥育期日增重达到 600 克,胴体瘦肉率 57.86％,背膘厚约 3.44 厘米。该猪种生长快,瘦肉率高,肉质良好,适应能力强。

5. 北京黑猪 该猪种由华北型的本地黑猪与巴克夏猪、中约克夏猪、苏白猪等复杂杂交而成。1982 年通过鉴定。

北京黑猪头大小适中,两耳向前上方直立或平伸,背腰平直,四肢健壮,全身被毛黑色。母猪头胎产仔 10 头,经产母猪产仔 11～12 头。肥育阶段日增重约 609 克,屠宰率 72.41％,瘦肉率 51.48％,背膘厚约 3.21 厘米。该猪种具有肉质优良,适应性强等特点,与国外的长白猪、大白猪杂交,均有较好的配合力。

6. 鲁莱黑猪 鲁莱黑猪是由莱芜市畜牧局和莱芜市种猪场培育的适宜作专门化母本的新品种。它以莱芜黑猪和大约克夏猪为育种素材,经过 6 个世代的持续选育而成。

　　鲁莱黑猪被毛黑色,育成期耳直立,成年猪耳根较软下垂,体型中等偏大,头中等大小,额头有不典型的倒"八"字皱纹,嘴直,背腰平直,臀部较丰满,四肢健壮。公猪头颈粗,前躯发达,睾丸发育良好,性欲旺盛,成年体重一般 100～130 千克。母猪头颈稍细、清秀,腹较大不垂,乳头排列均匀、整齐,乳头数 7～8 对,发育良好,成年体重一般 120～130 千克。鲁莱黑猪母猪头胎产仔数为 12.2 头,经产仔数为 14.6 头,商品猪肥育期日增重约为 598 克,屠宰率 73%,眼肌面积约 29.5 厘米^2,瘦肉率 53%。

(三)配套系猪种

　　1. 光明配套系　该配套系由深圳光明华侨畜牧场选育而成,为两系配套,父系为光明—杜洛克猪,母系为光明—斯格猪。1994 年组建基础群,经过 5 世代选育而成。配套系父系公猪达 90 千克日龄为 159.94 天,活体背膘厚为 1.54 厘米,料肉比为 2.7∶1;母系猪达 90 千克日龄为 167.13 天,活体背膘厚为 1.67 厘米。母系猪头胎产仔 10.22 头,经产 10.97 头,配套系商品肉猪日增重达 880 克,活体背膘厚为 1.67 厘米,料肉比为 2.55∶1。光明配套系于 1998 年通过国家品种审定委员会审定。

　　2. 中育猪配套系(01 号)　由北京育种中心培育而成,采用四系配套,父系用 C03 系(法系皮特兰)和 C09 系(含 75% 法系大白血缘、25% 杜洛克猪和汉普夏猪血缘)杂交,母系用 B06 系(法系大白)和 B08 系(法系长白)杂交,杂交商品代为 CB01,胴体瘦肉率 66.1%,达 100 千克体重日龄为 147.4 天,背膘厚为 1.24 厘米。该品种于 2004 年通过品种审定。

　　3. 冀合白猪配套系　冀合白猪配套系由河北省畜牧兽医研究所、河北农业大学、保定市畜牧水产局、定州市种猪场和汉沽农场联合培育而成。该配套系由 A、B、C 三系配套而成,A 系血缘:

深县猪 12.5%，定县猪 12.5%，大白猪 75%；B 系血缘：太湖猪二花脸 25%，汉沽黑猪 12.5%，长白猪 62.5%；C 系猪由汉普夏猪选育而成。由 A 系、B 系杂交生产父母代种猪，再与终端父本 C 系杂交生产商品猪。AB 系经产母猪窝产仔 13.5 头，CAB 和 CBA 商品猪日增重分别为 816 克和 830 克，胴体瘦肉率为 60.43% 和 60.09%。该品种于 2002 年通过品种审定。

4. 迪卡配套系 迪卡配套系猪由美国迪卡公司培育而成，为五系配套猪种，分别用 A、B、C、E、F 5 个字母表示，其中 A、B 系属于父系，C、E、F 系属于母系。父系突出生长发育速度、瘦肉率和饲料报酬，母系在保持较快的生长发育速度的基础上，突出繁殖性能。

迪卡猪具有典型方砖形体型，体质结实，生长速度快，饲料转化率高，瘦肉率高，产仔多。头胎产仔数达 11.7 头，经产达 12.5 头，达 90 千克体重日龄为 150 天，胴体瘦肉率 60%。该猪种易于饲养管理。

5. PIC 配套系 PIC 配套系为五系配套猪种，A、B 系生产父母代公猪，CDE 系生产父母代母猪。父母代公猪 AB 系，产品代码为 L402，被毛白色，四肢健壮，肌肉发达。父母代母猪 CDE 系，商品名称康贝尔母猪，产品代码 C22 系，被毛白色，头胎平均产仔 10.5 头以上，经产母猪平均产仔 11 头以上。PIC 五元杂交的终端商品肉猪，155 日龄达 100 千克体重；肥育期饲料转化率 1∶2.6～2.65；100 千克体重背膘小于 16 毫米，胴体瘦肉率 66%，屠宰率 73%，肉质优良。

6. 斯格配套系 斯格猪配套系是从比利时引进的专门化配套品系猪种，共 4 个专门化父系、3 个专门化母系。我国河北安平引进了其中 23、33 两个父系和 12、15、36 三个母系。由五系配套生产祖代、父母代和商品代猪。父母代父系猪被毛白色，两耳直立，四肢粗壮，后躯发达，腿臀肌肉丰满、双脊，肥育期日增重 860

克以上,料重比不高于 2.7：1,体重达 100 千克时背膘厚 10 毫米以下,瘦肉率不低于 65%。父母代母系猪被毛白色,两耳中等大前倾,体质结实,四肢健壮,腹线略有弧度,乳头 7 对以上,每胎平均产仔不低于 12 头。商品猪被毛全白、肌肉丰满、背宽、腰厚、臀部发达,日增重 880 克以上,料重比低于 2.4：1,肌内脂肪含量 2%~4%,屠宰率不低于 75%,瘦肉率不低于 64%。

(四)引进猪种

1. 大约克夏猪　大约克夏猪又称大白猪,原产于英国约克夏郡。该猪体型大,耳直立,背腰多微弓,四肢较高,全身被毛白色,少数在额角或臀部有小暗斑。该猪种成年公猪体重 300~450 千克,母猪 200~350 千克。大白猪适宜配种日龄 220~240 天,体重 120 千克以上,经产母猪产仔数 11~12.5 头。肥育期日增重为 855 克,屠宰率为 71%~72%,瘦肉率为 61%。该猪种生长速度快,产仔多,饲料利用率高,胴体瘦肉率高,适应性强,部分个体肢蹄不够结实,易生蹄病。该猪种可作为父本或第一母本使用。

各养猪发达国家对大白猪的育种工作非常重视,各国根据各自的需要开展选育,在总体保留大白猪特点的同时,又各具一定特色,所以大白猪又分英系、法系、美系、加系、丹系等。法系、加系、丹系大白猪的繁殖性能较为突出,英系、美系、瑞系大白猪的产肉性能较好。

2. 长白猪　原产于丹麦。该猪外貌清秀,全身白色,头狭长,耳向前下平行直伸,背腰较长,腹线平直,后躯丰满。该猪种成年公猪体重 300~450 千克,母猪 200~350 千克。大白猪适宜配种日龄 230~250 天,体重 120 千克以上,经产母猪产仔数可达 11~13 头。肥育猪日增重可达 950 克,屠宰率为 72%~74%,瘦肉率 60%~63%。该品种具有繁殖力较强,生长快,饲料转化率高,瘦肉率高等优点。相对于大白猪来说,长白猪对营养水平及饲养管理要求更高,体质较弱,四肢细,肢蹄病多,抗逆性差,发情不明显。可用长白猪作父本进行二元或三元杂交,以提高商品猪的生长速度和瘦肉率。

同大白猪一样,各国的长白猪经长期系统的选育也各具特色,分丹系、法系、瑞系、美系、加系、比利时系等。法系、加系、丹系长白猪的繁殖性能较为突出,美系、瑞系、比利时系长白猪的产肉性能较好。

3. 杜洛克 杜洛克猪的血缘最早可以追溯到 1493 年哥伦布远航北美洲带去的 8 头非洲几内亚红毛猪。19 世纪上半叶,北美新英格兰地区饲养有三个红毛猪种群分别是:新泽西州的新泽西红猪、纽约州的红毛杜洛克、康乃狄格州的红巴克夏,上述 3 种猪在 1883 年合并,正式命名为杜洛克—泽西猪,1891 年杜洛克协会成立后简称为杜洛克。该猪体型大,耳中等大,向前稍下垂,体躯深广,背呈弓形,后躯丰满,毛色从金黄到暗棕色深浅不一。成年公猪体重 300～450 千克,母猪 250～400 千克,达 100 千克体重日龄 165～175 天,屠宰率 72% 以上,瘦肉率 63%～65%。该猪适宜配种日龄 220～240 天,体重 120 千克以上。该猪生长速度快,饲料转化率高,瘦肉率高,胴体质量好,适应性强,但繁殖性能较差,泌乳能力差。该品种是目前世界上最好的杂交用父本,多为终端父本。

4. 汉普夏猪 原产于美国肯塔基州布奥尼地区。汉普夏猪头中等大小,耳中等大而直立,嘴较长而直,体躯较长,背腰呈弓形,四肢健壮,后臀肌肉发达。汉普夏猪猪毛黑色,在肩部和前肢有一条白带环绕。成年公猪体重 300～450 千克,母猪 250～350 千克,肥育期日增重可达 850 克以上,屠宰率 73%,瘦肉率 61%～62%。该猪适宜配种日龄 220～240 天,体重 120 千克以上。该猪胴体背膘薄,眼肌面积大,瘦肉率高,但其繁殖力不高,肉质欠佳,肉色浅,系水力差。适宜作终端父本。

5. 皮特兰猪 原产于比利时皮特兰村的一个猪种。皮特兰猪体型中等,体躯呈方形,耳中等大小向前倾,四肢短,骨骼细,背部和臀部肌肉发达。被毛灰白,夹有黑斑,杂有部分红色。其特点是后腿发达,背膘薄(可达 0.78 厘米),胴体瘦肉率高(可高达 70%)。皮特兰猪日增重 750 克以上,屠宰率 76%,但肉质较差,PSE 肉发生率高。在肉猪配套系中常用作父本,或与杜洛克杂交,生产皮杜公猪,用于杂交生产商品猪。

三、猪的杂交技术

(一)经济杂交的意义

猪的经济杂交是指采用遗传上差异较大的不同品种或培育的不同专门化品系互相之间进行杂交,利用杂种优势来繁殖具有更高经济价值肥育猪的一种生产方式。通过杂交生产的猪群比原有品种、品系更能适应当地环境条件、生产性能更高。经济杂交最大限度地挖掘了猪种的遗传潜能,猪杂交技术的应用使世界养猪水平有了突飞猛进的发展,并降低了猪单位产品的耗能、降低了生产成本,是低碳养殖的必要技术。

(二)杂种优势

从遗传学分析,由于有利基因对不利基因通常呈显性,抑制了杂合子不利显性基因的表现,通过杂交可诱导有关位点的遗传基因相互重组,使显性基因的优良性状突出表现出来。同时,还可使不同位点的基因产生互作效应,从而使杂种个体生活力增强、繁殖力提高和生长速度加快,杂种后裔群体均值优于双亲群体均值。这种遗传效应称为杂种优势。杂种优势的计算公式如下:

$$杂种优势率（\%）=\frac{（杂一代平均值-双亲平均值）}{双亲平均值}×100\%$$

（三）杂交亲本的选择

猪的经济杂交效果，关键在于杂交亲本的选择。所谓杂交亲本，即猪进行杂交时选用的父本和母本，是经济杂交的基础。

1. 杂交父本的选择 实践证明，要想使猪的经济杂交取得显著的效果，父本必须是高产、瘦肉型良种公猪，要具有生长快、耗料低、体型大、瘦肉率高的特点。例如，近几年我国从国外引进的长白猪、大约克夏猪、杜洛克猪、汉普夏猪等瘦肉型种公猪，是目前最受欢迎的父本，其中杜洛克猪具有增重快、饲料报酬高、胴体品质好、眼肌面积大、瘦肉率高、适应能力强等优点，与其他猪种杂交时，经常作为终端父本，以达到提高瘦肉率和生长速度目的，是现在世界上使用最广泛的父本。

我国地方猪种的肉质优良，口感细嫩多汁，肉味芳香浓郁，这些是国外猪种无法与之相比的。但在杂交生产的商品猪中随外血的增高肉质有下降的趋势。因此，在选择杂交亲本时还应考虑商品代猪的肉质性状，在亲本选配时尽可能防止商品猪肉质的变差。由于终端父本对商品猪群的肉质性状影响很大，挑选时应格外慎重。

2. 杂交母本的选择 杂交母本应选择当地分布广泛，适应性强的地方品种母猪，如太湖猪、哈白猪、内江猪、北京黑猪或其他培育品种。由于地方母猪适应性强、母性好、繁殖率高、耐粗饲、抗病力强，所以利用良种公猪和地方母猪杂交后产生的后代，具有生长快、饲料报酬高，繁殖力强、产仔多而均匀、成活率高，抗病力强，胴体品质好等优点。

3. 选择遗传差异大的亲本 亲本间的遗传差异是产生杂种

优势的根本基础。不同品种的猪杂交比同一品种的交配效果好、国外猪种与国内猪种之间的杂交要比国外品种之间和国内品种之间的杂交效果要好。

要获得好的杂交效果还需要两个杂交亲本都是纯种或纯系，如巴马香猪，群体内经常出现母子交配、兄妹交配等高度近交方式，使得巴马香猪基因纯和，成为优秀的杂交母本，与其他纯种杂交时可产生巨大的杂交优势。

(四)选择合理的杂交方式

根据实际饲养条件，因地制宜，有计划地合理选择杂交方式，是猪场搞好经济杂交的前提。杂交方式有二元杂交、三元杂交、四元杂交等。表 2-1 为不同杂交方式与纯繁的生产性能对比。

表 2-1　不同杂交方式的杂交效果

繁育方式	纯　繁	二元杂交	三元杂交	四元杂交
杂交效果	100％	110％	120％	120％

1. 二元杂交　又称简单经济杂交。二元杂交即两个品种或品系之间的杂交。从遗传互补的观点出发，对二元杂交（AB）母本（B）的挑选应侧重于繁殖性能，兼顾胴体品质；而父本（A）则要求有更好的生长速度和胴体品质，多产性是次要的。这就是养猪生产中推广的"母猪本地化、公猪良种化、肥猪杂交一代化"，是应用最广泛、最简单的一种杂交方式。例如，用大浦莲母猪与杜洛克公猪进行杂交所产生的"杜蒲二元猪"，生长肥育性能较大浦莲猪提高 47.25％，料肉比降低 20.65％。宰前体重无显著差异下，杜蒲二元杂交猪与大浦莲猪相比，眼肌面积提高 81.43％，瘦肉率提高 25.83％，背膘厚降低 30.03％，杂交优势非常明显。

2. 三元杂交　三元杂交是三个品种或品系之间的有计划交

配即 C(AB)，纯种母本(B)应按二元杂交时母本的要求进行挑选。而对第一父本(A)的挑选应考虑到杂种一代母猪(AB)仍具有较好的繁殖性能，因此 A 要选用与纯种母本 B 在生长肥育和胴体品质上能互补的且多产性较好的引进猪种。这种杂交方式由于母本是二元杂种，能充分利用母本杂种优势。另外，三元杂交比二元杂交能更好地利用遗传互补性。根据我国引进猪种的情况，第一父本 A 应首选大白猪(大约克夏猪)，其次是长白猪。终端父本(C)的挑选应着重考虑生长速度和胴体品质，就我国的情况应选用杜洛克猪作为终端父本。例如，用沂蒙黑猪与大约克夏公猪杂交所产生的后代，日增重约为 630 克，瘦肉率为 53%。再用沂蒙黑猪与大约克夏公猪的杂交一代母猪与汉普夏猪公猪进行三元杂交，所得商品猪日增重约为 672 克，提高了 6.67%，瘦肉率为 59.72%，提高了约 12.68%，杂交优势明显。现在普遍流行的杜长大杂交模式即典型的三元杂交。因此，三元杂交在商品肉猪生产中已被广泛采用。

3. 四元杂交 四元杂交是四个品种或品系之间的有计划杂交，即(AB)(CD)，其中 A 系和 B 系的挑选重点是相同的，应与三元杂交时对终端父本的要求相似，即侧重于产肉性能，当然从互补的角度出发，A 系与 B 系还应有所差别，那就是相对于 A 来说 B 的繁殖性能及适应力更好些。C 系的挑选同三元杂交时的第一父本，D 系则同三元杂交时的纯种母本。采用四元杂交方式，不仅能够利用杂种母猪的杂种优势，还能利用杂种公猪的优势，提供生产性能更高的杂种猪用来肥育。

4. 轮回杂交 对猪场来说最简单实用的是两品种的轮回杂交，即用甲品种公猪与乙品种母猪杂交，产生杂种一代(F_1)，从中选留优秀母猪再与乙品种公猪杂交，产生杂种二代(F_2)母猪再与甲品种公猪杂交。依次逐代轮流杂交，从而不断保留杂种优势。所产生的杂种公猪一律不留种，全部肥育。这种杂交方式可以不从外地引进纯种母猪,以减少疫病传染的风险,而且由于猪场只养杂种母猪和少数不同品种良种公猪来轮回相配,在管理上和经济上都比二元杂交、三元杂交具有更多的优越性。这种杂交方式,不论养猪场还是养猪户都可采用,不用保留纯种母猪繁殖群,只要有计划地引进几个肥育性能好和胴体品质好,特别是瘦肉率高的良种公猪作父本,实行固定轮回杂交,其杂交效果和经济效益都十分显著。在实际生产中可饲养大长或长大的二元母猪,引进大白公猪或长白公猪交替进行轮回杂交,大白和长白可选用不同的品系来源,如英系、丹系、加系、美系等。

(五)我国猪的杂交模式

我国在猪杂交模式的探索上已取得很多成果。20 世纪,在全国范围内推行了公猪外来良种化、母猪本地良种化、商品猪杂交化的二元杂交模式,改变了过去杂交的无计划状态。我国现在养猪生产中主要有二元杂交和三元杂交两种类型,经过对大量杂交配套组合进行归纳比较,三元杂交效果明显优于二元杂交。

一些大专院校和科研院所通过杂交组合试验,筛选出若干适合当地推广的杂交组合。其中,有一定影响力的有 8 个杂交组合:大约克猪×(长白猪×北京黑猪);杜洛克猪×(长白猪×北京黑猪);杜洛克猪×上海白猪;杜洛克猪×湖北白猪;杜洛克猪×浙江中白猪;杜洛克猪×(长白猪×嘉兴黑猪);杜洛克猪×(长白猪×太湖猪);杜洛克猪×三江白猪。这些杂交组合适应当地的饲养条件和市场要求,为我国的养猪发展做出了巨大贡献。

(六)我国猪种资源的利用

1. 用于杂交生产的母本　由于我国地方猪种的诸多优点,在母本的选择上应着眼于我国的优良地方猪种和含地方猪血缘的培育品种。如果在杂交组合中引入我国地方猪种,杂交优势将会更明显,能更好地利用遗传互补性。此外,引进的猪种一般是在高营养水平和优良的环境条件下选择出来的,适应性较差,在我国的饲养环境下其优秀的性能不一定能完全表现,而我国猪种具有适应性强和耐粗饲等特点,生产性能可以得到充分发挥,从这个意义上说,在母本的挑选上,采用国外引进猪种是不科学的。

2. 用于杂交育种 我国猪种优良的繁殖性能和肉质是国外猪种所难及的,随着对进口猪种的进一步了解,我国养猪人懂得了繁殖性能的重要性,开始频频通过杂交的方式将中国地方猪的繁殖性能和肉质及适应性强的优势与国外猪种生长优势结合在一起,以期培育出性能更全面、更优秀的猪种或品系。经过多年的探索和努力我国也培育出了一批新品种或配套系,但离预期尚有一定的差距,关键是联合育种难以开展,基础群规模太小,育种工作还欠踏实、细致和系统。

与我国情况相比,国外却更好地利用了我国猪的优良基因。他们对我国地方品种的应用非常重视。20 世纪 80 年代以来,法国、英国、美国、匈牙利、日本等国家分别引进我国高繁殖性能的太湖猪来改良母猪的生产力并取得了显著进展。大白猪和长白猪与梅山猪的合成系,其窝产仔数比大白猪和长白猪多 3~4 头。而含有少量的中国地方猪血缘对生长性能的影响并不大,如果商品猪含 1/8 的梅山猪血缘,其生长速度一样,达到英国屠率体重时的背膘厚度只高出 0.15~0.2 厘米。

3. 地方猪种在杂交改良上存在的问题

第一,我国绝大多数地方猪种没做过系统的测定和选育,处于一种自生自灭的状态,某些性状的种群内差异很大,如莱芜猪的肌内脂肪可高达 21%,也可低至 3%,这就表明品种的性能不稳定、基因型不纯。如果想在杂交中有上佳的、稳定的表现,必须对现有的主要地方品种或品系进行提纯,然后再加以利用。

第二,配合力的测定应用不广泛。虽然很多地方猪种已经用于杂交利用,但由于未经配合力测定,杂交效果并不明显。配合力直接影响杂交效果,应该在品种提纯的基础上做大量细致的配合力测定工作。

目前,国内已经越来越意识到低碳养猪的重要意义,对地方猪种的饲养也越来越重视,民间资本在此方面的投入在逐步增加。例如,上海万谷种猪育种有限公司、安徽徽名山猪场、三利猪场等都自筹资金饲养地方猪种开发低碳养猪模式。国家和地方政府也大力扶持地方猪种的低碳养殖形式,我国地方猪种的饲养有很好的发展前景。

第三章　低碳型生猪养殖场的建设

一、猪场的选址与布局

当今,养猪场已经逐步向规模化、集约化与工厂化方向发展,而对低碳型猪场设置的要求更加严格,应尽量做到"三低":一是低能耗,尽可能减少能源、水、饲料等各种资源的投入;二是低污染,尽可能减少对养殖企业内部和外部的水质、土壤、空气等各种污染;三是低排放,尽可能减少粪污和温室气体的对外排放。而首先应当保证场区具有良好的局部小气候条件,有利于对舍内空气环境的控制;有利于防疫、便于严格执行各项卫生防疫制度和措施;便于合理组织生产,有利于提高设备利用率和劳动生产率。因此,猪场的设置应从场址选择,场地规划与建筑物布局等方向考虑,尽量做到完善合理,为以后猪场的发展奠定坚实基础。

(一)低碳养猪场的选址

场址的选择应根据猪场的性质、规模、集约化程度等基本特点、对地形、地势、土质、水源、能源、交通、防疫、粪尿排污处理等方面进行考虑,综合分析后再做决定。

猪场一般要求地形整齐开阔,地势较高、干燥、平坦或有缓坡,背风向阳,山区应选择相对容易隔离地段。

猪场必须选在交通便利的地方。但因猪场的防疫需要和对周围环境的污染,又不可太靠近主要交通干道,最好离主要干道 500 米以上,距离村庄 1 000 米以上。

猪场水源要求水量充足,水质良好,便于取用和进行卫生防护。水源水量必须能满足场内生活用水、猪只饮用及饲养管理用水(如清洗调制饲料、冲洗猪舍、清洗机具、用具等)的要求。

土壤基质密实度一致。近期从未发生过猪的烈性传染病。

距离医院(包括动物诊所)、厂矿、屠宰场、动物产品加工厂、垃圾处理场和污水处理场、危险品仓库、风景区和水源地 4 000 米以上。

避开 50 千伏以上高压输电线路 50 米以上。

公共设施方面要求水、电、路"三通"。

猪场占地面积依据猪场生产的任务、性质、规模和场地的总体情况而定。

(二)猪场的规划与布局

猪场的规划应遵循有利防疫、改善场内小气候、方便今后饲养管理、合理用地、考虑当地气候、风向、场地的地形地势等。各种建筑物和设施的尺寸及功能(包括性质、生产工艺流程、即分多少段、生产周期的确定)要根据猪种、饲料营养、机械化程度和经营管理水平等实际情况来确定,不能生搬硬套,盲目追求先进。

一个完善的低碳型规模化猪场,在总体规划上应包括 4 个功能区,即生产区、生产管理区、隔离区和办公生活区。考虑到有利防疫和方便管理,应根据地势和主风向,合理安排各区。

1. 生产区　生产区包括各类猪舍和生产设施,这是猪场中的主要建筑区,一般建筑面积占全场总建筑面积的 70%～80%。种猪舍要求与其他猪舍隔开,形成种猪区。种猪区应设在人流较少和猪场的上风向,种公猪在种猪区的上风向,防止母猪的气味对公猪形成不良刺激,同时可利用公猪的气味刺激母猪发情。分娩舍既要靠近妊娠舍,又要接近保育猪舍。肥育猪舍应设在下风向,且离出猪台较近。在设计时,使猪舍方向与当地夏季主风向成 30°～60°,使每排猪舍在夏季得到最佳的通风条件。总之,应根据当地的自然条件，充分利用有利因素，从而在布局上做到对生产最为有利。在生产区的入口处，应设专门的消毒间或消毒池，以便进入生产区的人员和车辆进行严格的消毒。

生产区各类猪舍的布局要符合现代养猪生产的特点，即：按繁殖过程安排工艺流程；全进全出，按节律实行全年均衡生产；使用优良品种、优质饲料；采用现代化科学配套技术；工程技术的运用和保障；现代化企业管理体制和运行模式（图3-1）。

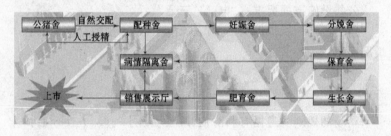

图3-1　生产区主要猪舍平面布置示意图

兽医室应设在生产区内，只对区内开门，为便于病猪处理，通常设在下风向。

道路对生产活动正常进行、卫生防疫及提高工作效率起着重要的作用。场内道路应净、污分道，互不交叉，出入口分开。净道的功能是人行和饲料、产品的运输，污道为运输粪便、病猪和废弃设备的专用道。

2. 生产管理区　生产管理区包括猪场生产管理必需的附属建筑物，如饲料加工车间、饲料仓库、修理车间、变电所、锅炉房、水泵房等。它们与日常的饲养工作有密切的关系，所以这个区应该与生产区毗邻建立。

自设水塔是清洁饮水正常供应的保证，位置选择要与水源条件相适应，且应安排在猪场最高处。

3. 隔离区 病猪隔离间及粪便堆存处等应远离生产区,设在下风向、地势较低的地方,以免影响生产猪群。

4. 办公生活区 包括办公室、接待室、财务室、食堂、宿舍等,这是管理人员和家属日常生活的地方,应单独设立。一般设在生产区的上风向,或与风向平行的一侧。

此外猪场各区之间应建围墙或设防疫沟,以防兽害并避免闲杂人员进入场区。

绿化不仅美化环境,净化空气,也可以防暑、防寒,改善猪场的小气候,同时还可以减弱噪声,因此进行猪场总体布局时,一定要考虑和安排好绿化。场区及周围栽植柳树、果树、银杏、松树、丁香等绿化树木,种菊花、玫瑰、灯笼花、地瓜花、香槟草等多年生美化花草,在室内摆放盛开的夜来香、食虫草、逐蝇梅、万寿菊、七里香、茉莉花、米兰、薄荷或玫瑰等。

二、低碳型猪舍的建筑

低碳建筑是指在建筑材料与设备制造、施工建造和建筑物使用的整个生命周期内,减少石化能源的使用,提高能效,降低二氧化碳排放量。目前,低碳建筑已逐渐成为国际建筑界的主流趋势。

低碳型猪舍建筑一般采用整体钢架结构,墙体采用复合技术分内附保温层、外附保温层和夹心保温层 3 种方式。我国采用夹心保温作法的较多,在欧洲各国,大多采用外附发泡聚苯板的作法,在德国,外保温建筑占建筑总量的 80%,而其中 70% 均采用泡沫聚苯板。屋面也多采用彩钢板夹保温层的做法,保温层厚度大概 10 厘米。环境控制方面,降温多采用湿帘加风机组合,利用水循环达到降温目的,屋顶设无动力风机;供暖保温方面,对种猪、产房、保育等环节最好采用水暖并适当增加猪舍密闭性;对育成、肥育猪最好采用地暖的方式供暖。外墙加保温层是加强各栋猪舍保温、减少能源损耗的低碳有效措施。要求在设计猪舍时尽量做到"五性"：低耗性——循环或再利用，少投入；持续性——保持养殖企业持续发展能力；高效性——形成绿色和高效养殖产业；协调性——与生产生态及种植业相协调；系统性——从技术、制度和管理统筹考虑。

（一）低碳型猪舍设计常用参数

1. 道路设计要求 一是要求净、污分开与分流明确，尽可能互不交叉，兽医建筑物须有单独的道路；二是要求路线简洁，以保证猪场各生产环节联系最方便；三是路面质量好，要求坚实、排水良好，以沙石路面和混凝土路面为佳，保证晴雨通车和防尘；四是道路的设置应不妨碍场内排水，路两侧应有排水沟，并应植树；五是道路一般与建筑物长轴平行或垂直布置，在无出入口时，道路与建筑物外墙应保持 1.5 米的最小距离，有出入口时则为 3 米。猪舍供猪、车出入的大门，门前不设台阶而设 15％以下的坡道。

（1）场外干道 场外干道担负全场货物和人员的运输任务，其路面最小宽度应能保证两辆中型运输车辆的顺利错车。路面最小宽度为 6～7 米。

（2）清洁道 按功能分为人员出入及运输饲料用的清洁道（净道）。一般是场区的主干道，路面最小宽度要保证饲料运输车辆的通行，宜用水泥混凝土路面，也可选用整齐石块或条石路面。单车道宽度 3.5 米，双车道 6 米，路面横坡 1％～5％，纵坡0.3％～8％。

（3）污道 运输粪污、病死畜禽的污物道，有些场还设供畜禽转群和装车外运的专用通道。按道路担负的作用分为主要道路、次要道路和支道。污道路面宜用水泥混凝土路面，也可用碎石、砾石、石灰渣土路面。污道宽度 3～3.5 米，横坡为 2％～4％，纵坡0.3％～8％。

(4)次干道与支道 与猪舍、饲料库、产品库、兽医建筑物、贮粪场等连接的次要干道与支道。宽度一般为2～3.5米。

2. 舍内通道

(1)饲喂道 猪舍的饲喂道(料道),一般宽1～1.2米,设计时除单列式猪舍外,应两列猪栏共用1条,并尽量不与清粪、转群通道混用。

(2)管理通道 管理通道为清粪、接产等设置(粪道),一般宽度1.2米以上(包括粪尿沟0.3米),设计时猪床应向排水沟呈2%～3%坡度,地面(包括通道)也应有0.5%～1%坡度。

(3)横向通道 长度较大的猪舍应在两端或中央设横向通道(与其他通道垂直)宽度1.2～1.5米。

3. 舍内布局及门窗的规格 每栋猪舍可酌情设置饲料间、值班室、锅炉间等附属用房,一般应设在靠场区净道一端。门的设置需按饲料、粪污运输和转群确定,一般与饲喂道、管理通道或横向通道相对设置,北墙和西山墙尽量不设门。窗设置主要用于采光和通风换气。面积大,采光多,换气好,但冬季散热和夏季传热多,不利于保温防暑。设计时需根据当地的气候条件,计算夏季最大通风量和冬季最小通风量需求,组织室内通风流线,决定其大小、数量和位置。

门的规格一般为:1.2～1.5米×2～2.4米(宽×高),窗的面积与地面面积之比(窗地比),种猪舍要求1/10～1/8,肥育舍要求1/20～1/15,窗台高度不低于靠墙布置的栏位高度。

门供人、猪、手推车出入,猪舍外门一般高2～2.4米,宽1.2～1.5米,门外设坡道。外门设置时应避开冬季主导风向或加门斗。双列猪舍的中间过道应用双扇门,宽度不小于1.5米,高度不小于2米。各种猪栏门的跨度不小于0.8米,一律向外开启。

4. 猪舍的轴线长度和跨度 猪舍内部的布置确定后即可确定猪舍的轴线长度和跨度,但为便于施工和采用标准构件,应按我国建筑模数制作适当调整,长度应为柱距(两相邻屋架之间的距离,俗称间距)的倍数。一般为 3 米、3.3 米、3.6 米的倍数;跨度则应为 3 米、6 米、9 米、12 米,或为 0.3 米的倍数。

5. 猪舍的垂直布置和外观设计 猪舍垂直布置主要指猪舍各部及设施、设备的标高设计,并需考虑地面坡度和缝隙地板、粪尿沟等的设置;猪舍外观设计以节约、实用为原则,不过分强调美观,应设置勒脚、散水。舍内地坪(面)一般应比舍外高 0.3 米,若猪场场地低洼时可提高到 0.45~0.6 米;窗台的高度一般应不低于 1 米,地窗下沿应高于其附近舍内地坪 0.06~0.12 米;猪舍檐高视宽度和当地气候一般在 2.4~3 米;如在屋顶设置风管,一般应高出屋面不少于 0.6 米。舍内外地面高差 150~300 毫米。值班室、饲料间的地面应高于送料道 20~50 毫米,送料道比猪床高 20~50 毫米。

6. 猪舍的高度标准 猪舍高度的确定,主要取决于自然采光和通风的要求,同时考虑当地气候条件和猪舍的跨度。寒冷地区,猪舍的柁下(檐下)高度一般以 2.2~2.7 米为宜,跨度 9 米以上的猪舍可适当加高。炎热地区为有利通风,猪舍不宜过低,一般以 2.7~3.3 米为适宜。

表 3-1 猪场建筑常用参数

项 目	规 格
理想猪栏列数	目前普遍认为双列式最为理想,猪舍横向跨度 8 米
猪舍跨度	跨度为 3 米、6 米、9 米、12 米、或 0.3 的倍数
柱距或开间	3 米、3.3 米、3.6 米的倍数
猪舍檐高	2.4~3 米
饲料道、管理通道或横向通道(宽×高)	1.2~1.5 米×2~2.4 米

续表 3-1

项　目	规　格
饲喂道(宽)	一般为 1~1.2 米
管理通道(清粪、接产等宽)	一般为 1.2 米(包含粪尿沟 0.3 米)
中央横向通道(宽)	1.2~1.5 米
开　窗	每个猪舍单元的南北外墙上各均匀布置 3 樘窗,窗上缘标高均为 2 米,下缘标高南窗为 0.8 米,北窗为 1.1 米
屋顶高	根据工艺设计确定的轻钢屋架和屋顶构造,按跨度的 1/4 算出屋架举高
猪舍间距	舍高的 4 倍以上
两列端墙距	商品场一般为 7~9 米,种猪场端墙间距≥15 米为宜
清洁道路面宽	清洁道路面宽应≥3.5 米,转弯半径≥8 米
猪舍总建筑面积	1 头基础母猪需 15~30 米^2
辅助建筑总面积	1 头基础母猪需 2~3 米^2
场区占地总面积	1 头基础母猪需 60~70 米^2(调整系数为:大型 0.8~0.9;中型 1.0;小型 1.1~1.2)
入射角	≥25°
窗地比	1∶10~15
采光角	≥5°

(二)低碳型猪舍建筑规模标准

1. 建设规模　养猪场的建设项目按功能分为以下几种。

（1）生产建筑 配种猪舍（含种公猪）、妊娠猪舍、分娩哺乳猪舍、保育猪舍、育成猪舍、肥育猪舍和装卸猪斜台；

（2）辅助生产建筑 更衣、淋浴消毒室，兽医、化验室（含病猪隔离间），饲料加工间，变配电室，水泵房，锅炉房，仓库，维修间，污水粪便处理设施及焚烧炉；

（3）生活管理建筑 办公室，生活用房，门卫值班室，场区厕所，围墙大门等。

养猪场的生产建筑按年出栏 1 头肥育猪需 $0.8\sim 1$ 米^2 计算。

规模养猪场的辅助生产及生活管理建筑面积可参考表3-2。

表 3-2 猪场辅助设施参考参数

项 目	面积参数（米^2）	项 目	面积参数（米^2）
更衣、淋浴消毒室	$30\sim50$	锅炉房	$100\sim150$
兽医、化验室	$50\sim80$	仓库	$60\sim90$
饲料加工间	$300\sim500$	维修间	$15\sim60$
变配电室	$30\sim45$	办公室	$30\sim60$
水泵房	$15\sim30$	门卫值班室	$15\sim30$

注：生活用房按劳动定员人数每人 5 米^2 计。

2. 建筑与建设用地

（1）各类猪群饲养密度 如表3-3。

（2）建筑面积与占地面积标准 猪舍总建筑面积按每饲养 1 头基础母猪需 $15\sim20$ 米^2 计算。猪场的其他辅助建筑总面积按每饲养 1 头基础母猪需 $2\sim3$ 米^2 计算。猪场的场区占地总面积按每饲养 1 头基础母猪需 $60\sim70$ 米^2 计算。不同规模的调整系数为：大型场 $0.8\sim0.9$，中型场 1.0，小型场 $1.1\sim1.2$。

表 3-3 各类猪群饲养密度

猪群类别	每栏饲养头数	种猪场每头占栏面积（米²）	商品猪场每头占栏面积（米²）
种公猪	1	7.5～9.0	5.5～7.5
空怀、妊娠母猪（单体）	1	1.32	1.32
空怀、妊娠母猪（群体）	4～5	2.0～2.5	1.8～2.5
后备猪	4～6	1.5～2.0	1.0～1.5
哺乳母猪	1	3.8～4.2	3.7～4.2
保育猪	10	0.38～0.42	0.3～0.4
测定公、母猪	4～5	1.8～2.2	
生长猪	8～10	0.6～0.9	0.5～0.7
育成猪	8～10	0.8～1.2	肥育 0.7～1.0
配种猪	7.5～9.0	5.5～7.5	

3. 场区总平面设计原则

第一，建筑设施按办公生活区、生产管理区、生产区和隔离区分区布置，做到各功能区界限分明，联系方便。办公生活区应选择在生产区常年主导风向的上风或侧风方向及地势较高处，隔离区应布置在场区常年主导风向的下风或侧风方向及地势较低处。

第二，场内净道与污道必须严格分开，不得交叉。清洁道路面宽度不应小于 3.5 米，转弯半径不应小于 8 米。道路上空净高 4 米内没有障碍物。

第三，猪舍朝向和间距须满足日照、通风、防火和排污的要求，一般猪舍长轴朝向以南向或南偏东、西 40°以内为宜。每相邻两猪舍纵墙间距控制在 8～12 米为宜。每相邻两猪舍端墙间距不少于 15 米为宜。

第四,建筑布局紧凑。在节约土地、满足当前生产需要的同时,适当考虑将来技术提高和改造的可能性。

(三)配套工程

1. 饲料供应 种猪场根据种猪群营养需要加工全价配合饲料,其配套的饲料加工厂生产能力不应低于表 3-4 要求。

表 3-4 规模猪场饲料生产能力

猪场规模(基础母猪头数)	200~300 头	300~600 头	>600 头
饲料加工厂生产能力(吨/时)	1	1.5~2.0	2.5

2. 给水排水 以水塔或无塔衡压供水装置供水,并执行《工厂化养猪场建设标准》。

3. 采暖通风降温 目前宜选用畜舍冷暖、通风综合调控专用设备(参考设备一节)。

4. 供电 电力负荷等级一般为三级,当地供电条件不能保证要求时,猪场应设自备电源。自备电源的容量为全场计算用电负荷的 1/2。其他执行《工厂化养猪场建设标准》。

5. 场内运输 场内运输车辆做到专车专用,不能驶出场外作业。场外车辆严禁驶入生产区,如遇特殊情况,车辆必须彻底消毒后才准驶入生产区。

6. 场内通讯 猪场内部应设置通讯联络设备。

7. 场内消防 猪场应采取经济合理、安全可靠的消防措施。执行 GBJ 39—90《村镇建筑设计防火规范》。消防通道可利用场内道路,紧急情况时能与场外公路相通。采用生产、生活、消防合一的给水系统。

（四）猪场公用工程

1. 供水设施 养猪场可选用水塔、蓄水池或压力罐给自来水管网供水。供水量见表 3-5。

表 3-5 猪平均日耗水量参数 （千克/头·日）

猪群类别	总耗水量	其中饮用水量
空怀及妊娠母猪	15	10
哺乳母猪（带仔猪）	30	15
培育仔猪	5	2
育成猪	8	4
肥育猪	10	6
后备猪	15	6
种公猪	25	10

注：总耗水量包括猪饮用水量、猪舍清洗用水量和饲料调制用水量，炎热地区和干燥地区耗水量参数可增加 25%。

2. 污水排放 场区内的生产和生活污水采用暗沟排放，雨雪等自然降水采用明沟排放。

养猪场粪尿排泄量计算按日饲养的繁殖母猪总头数乘以 48 千克/头·日，即为全场平均日排泄量的估算值；计算每栋猪舍平均日排泄量按该舍养猪总活重乘以 0.065 千克/日估算。

3. 电力负荷计算 养猪场电力负荷等级为民用建筑供电等级三级。电力负荷计算采用需用系数法，需用系数为 0.4～0.75，功率因数为 0.75～0.9。

（五）猪场环境保护

1. 环境卫生 新建猪场必须进行环境评估,确保猪场不污染周围环境,四周环境也不污染猪场环境。宜采用污染物减量化、无害化、资源化处理的生产工艺和设备。污水必须经过处理,符合《畜禽养殖业污染物排放标准》后排放。

2. 粪污处理 固体粪污以高温堆肥化为主,粪肥符合 GB 7959《粪便无害化卫生标准》后,方可运出场外(详见第八章)。

液体尿污以生物法处理为主。尿及污水符合《农田灌溉水质卫生标准》或《渔业用水水质卫生标准》后,方可排到场外(详见第八章)。

场区绿化应结合当地自然气候条件栽种能美化环境、净化空气的树种、花草,作为场区防风、隔离、遮阴、行道护坡等林带,但场内不宜种植有毒、有刺、有飞絮的植物。场区绿化覆盖率不低于30%。

三、低碳型养猪设备

养猪设备在规模化养猪中起着至关重要的作用,工程设施要与饲养工艺相匹配,养殖机械设备、环境控制设备等良好的生产设备配置可为猪群提供一个舒适安全的生长环境,能够减少外因性刺激,提高生长速度和经济效益。了解猪场的各种设备并加以充分利用,可最大限度地达到低碳养猪的目的。

养猪设备必须符合猪的生物特性和行为要求;符合现代化养猪生产的要求;符合猪舍建筑平面设计和猪舍建筑构造设计要求;符合猪舍环境调控要求。用于加工制造养猪设备的原材料必须符合环保原则,并且不至于损害猪体健康。金属材料可使用不锈钢或用普通碳钢制成后经热浸锌表面处理。

所用的非金属材料不得析出或挥发出甲醛,苯等有害物质,更不得有放射性元素存留。各种制品制件应做到外观整洁,无加工飞边与无尖棱尖角等弊端。在栏舍等设备设施上敷设电器线缆时,要采取暗敷绝缘可靠,而不能使用明露敷设,保证存栏猪不受触电伤害。

猪场设备主要包括各种猪栏、地板、饲喂系列设备、饮水设备、清粪设备、环境控制设备以及运输设备等。在选择设备时,遵循经济实用、坚固耐用、方便管理、设计合理、符合卫生防疫要求等原则。随着工厂化养猪工程技术的日益进步,目前已初步形成了诸多系列的工厂化养猪配套设备,为推进我国养猪业的工业化进程,提高养猪生产水平奠定了养殖装备的物质基础。

(一)猪栏设备

规模化养猪生产是从配种、分娩、保育、生长、肥育/育成(5 个阶段)、销售形成一条连续的的流水生产线,如图 3-2。

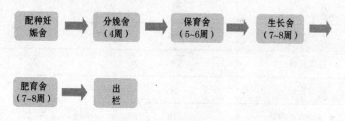

图 3-2　规模化养猪流程

各个生产阶段都是有计划、有节奏而不间断地进行,实现全年均衡地为市场提供商品猪的目标。一般来说,生产流程是五阶段的,但是当前更多采用四阶段饲养,即把后两阶段合并,不再转群、减少应激。以年产万头猪场为例各类猪栏的参考数据,参照表 3-6,表 3-7。

表3-6　万头猪场猪栏数参照表

猪舍名称	各栋舍内猪栏的技术规格及配置数量		
	设备名称	技术规格（米）	栏数（套）
配种舍	公猪栏	3.0×3.0	26
妊娠舍	单体栏	2.2×0.6	480
配种舍	母猪栏	2.2×0.6	
分娩舍	分娩栏	2.2×1.8	144
保育舍	保育栏	2.2×1.8	144
生长舍	生长栏	3.0×3.0	96
肥育舍	肥育栏	3.0×3.0	96

表3-7　万头猪场猪群情况表

项　目	数量（头）	备　注
公　猪	24	
生产母猪	600	
每周配种	28	
每周分娩	24	平均年产2.1胎
每周生产仔猪	240	平均10.0头/胎
每周断奶仔猪	230	仔猪成活率96%
每周育成猪	225	育成活率98%
全年育成猪	11700	52周/年
其中：种猪	4100	种猪比例35%
肉　猪	7600	肉猪比例65%

猪栏是现代化养猪场的基本生产设施,不同的饲养方式和不同种类的猪应需不同形式的猪栏。根据饲养猪的类群,猪栏可分为公猪栏、配种栏、单体栏、妊娠栏、分娩栏、保育栏及育成肥育栏等;按栏内饲养头数也可分为单栏和群栏;根据排粪区的位置和结构可分为地面刮粪猪栏、部分漏缝地板猪栏、全漏缝地板猪栏、前排粪猪栏及侧排粪猪栏;按结构形式可分为实体猪栏、栅栏猪栏、综合式猪栏及装配式猪栏等。根据饲养猪的类群对猪栏进行分类如下。

1. 公猪栏和配种栏　公猪栏主要用于饲养公猪,一般为单栏饲养,单列式或双列式布置。以往,一般将公猪栏和配种栏合二为一,即用公猪栏代替配种栏。但由于配种时母猪不定位,操作不方便,而且配种时对其他公猪干扰大,因此应考虑单独设计配种栏。自然交配的配种栏应去除死角,设计成八角形。

2. 母猪栏　常用的母猪栏有 3 种形式:

(1)母猪全程空怀期及妊娠期可采用单栏限位栏　其特点是每头猪的占用地面积相对小,喂料、观察、管理都较方便,母猪不会因碰撞而导致流产。但母猪活动受限制,运动量较少,对母猪分娩及利用年限有一定影响。

(2)母猪全程空怀期及妊娠期采用群栏　一般每栏 3～5 头,解决了单栏饲养母猪活动量不足的缺点,但是也有体况不易控制、管理不方便、容易发生因母猪间相互争斗或碰撞而引起流产等问题。

也有养猪场综合以上两种方式,在空怀期和母猪妊娠前期采用群栏,妊娠后期母猪则用单栏予以限位。

(3)分娩栏　分娩栏是一种综合猪栏(仔、母共用),用于母猪分娩和哺育仔猪。分娩栏的要求最高,应配备网床设施,使母猪与仔猪同地面粪便、尿液等污物隔离,降低了疾病传染,提高了仔猪成活率。常用的网上形式有钢编网、钢塑网、全铸铁网、铁塑混合网。当前的主流模式是母猪使用球墨铸铁地板、仔猪使用塑板的混合模式（图 3-3）。

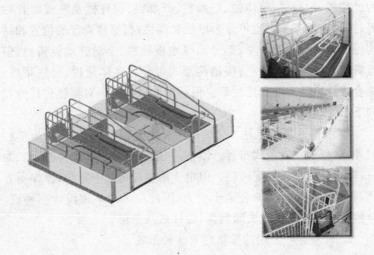

图 3-3　分娩栏

3. 单体栏　单体栏一般用于公猪、空怀母猪、妊娠母猪，其作用有利于保胎，便于实现定量饲喂，有效避免妊娠母猪群饲时争食、咬斗。单体栏的饲喂、饮水管理方便，粪尿处理集中，占地面积小，污水产生量减少，便于实现机械化管理（图 3-4）。

4. 保育栏　仔猪保育栏也是猪栏设备中要求较高的一种。仔猪保育栏多为高床全漏缝地面饲养，猪栏采用全金属栏架和PP（聚丙烯）板，配塑料或铸铁漏缝地板、自动食槽和自动饮水器。其中全塑网应用最为广泛，猪栏布置多为双列或多列式，两栏之间共用一个双面自动落料食槽供自由采食，其优点避免了仔猪与地面的直接接触，改善了卫生条件，减少了疾病传染和滋生，有利于仔猪健康生长，提高了仔猪的成活率和饲料转化率（图 3-5）。

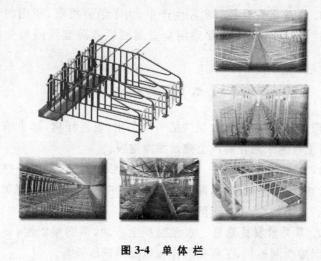

图 3-4 单 体 栏

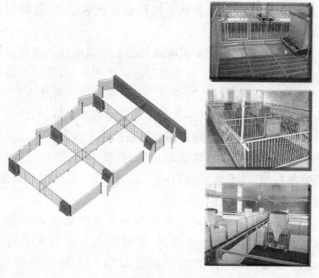

图 3-5 保 育 栏

5. 育成肥育猪栏 实际生产中，为了节省投资，所用的育成肥育栏相对比较简易，常采用全金属圈栏或砖墙间隔与金属栏门。

（二）漏缝地板

现代养猪生产中，为保持猪舍内卫生，改善环境，减少清扫频次，目前普遍采用在粪沟上敷设漏缝地板。

1. 漏缝地板的要求 耐腐蚀，抗变形能力强，表面平整而不滑，导热性小，坚固耐用，漏粪效果佳，易冲洗消毒。地板缝隙应适于猪行走和站立，不得卡陷猪蹄。

2. 常用的漏缝地板 水泥混凝土板块，钢筋编织网、焊接网等金属编织网地板，工程塑料地板以及铸铁地板等。

（1）水泥混凝土漏缝地板 在配种妊娠舍和育成肥育舍应用最为常见，可做成板状或条状。这种地板成本低、牢固耐用，但对制造工艺要求严格。

（2）金属漏缝地板 金属漏缝地板用金属条排列焊接而成，也可用金属条编织成网状。由于缝隙占的比例较大，粪尿下落顺畅，缝隙不易堵塞，不打滑，栏内清洁、干燥，在集约化养猪生产中普遍采用，但存在耐腐性能差、不及水泥漏缝地板牢固等缺点。

（3）塑料漏缝地板 塑料漏缝地板采用工程塑料模压而成，拆装方便，质量轻，耐腐蚀，牢固耐用，较混凝土、金属和石板地面暖和，但容易打滑，体重大的猪行动不稳，适用于保育栏地面或产仔哺乳栏小猪活动区地面（图3-6）。

（4）球墨铸铁地板 球墨铸铁地板具有表面光而不滑、耐腐蚀、强度高、拆装方便、不伤猪蹄、寿命长久便于消毒等特点，现猪场应用最为广泛，目前主要采用QT45-10牌号的球墨铸铁（图3-7）。

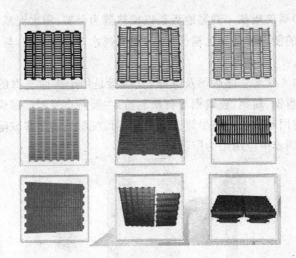

图 3-6 塑料地板

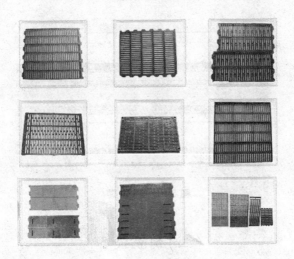

图 3-7 球墨铸铁地板

(5)调温地板　调温地板是以换热器为骨架,用水泥基材料浇筑而成的便于移动和运输的平板,设有进水口和出水口,与供水管道连接。

(6)支撑梁　前后梁及纵梁、支撑梁是用于床面支撑的构件,通常有角钢、扁钢、玻璃钢等材质制造,主要特点是耐酸碱腐蚀、强度高、使用寿命长。球墨铸铁梁避免了传统材质的诸多缺陷,在网状床面饲养中应用最为广泛(图3-8)。

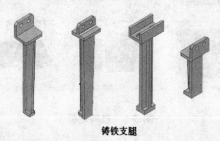

铸铁支腿

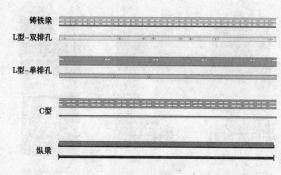

图3-8　支撑梁

(三)饲喂设备

养猪生产中,饲料成本占50%~70%,喂料工作量占30%~40%,因此饲喂设备对提高饲料利用率、低碳养殖、减轻劳动强度有很大影响。

1. 人工喂料　人工喂料设备较简单,主要包括加料车、单面/双面食槽、自动落料干湿料箱等(图 3-9)。

PVC母猪食槽　　　　不锈钢母猪食槽　　　　铸铁母猪食槽

不锈钢肥育料箱　　　　铸铁底料箱　　　　不锈钢料箱

PVC不锈钢干湿料箱　　PVC铸铁干湿料箱　　　圆桶料箱

仔猪补料槽　　　　新式铸铁母猪食槽　　料筒槽式仔猪补料槽

图 3-9　猪食槽、料箱

2. 自动喂料系统 自动饲喂系统由贮料塔、驱动装置、饲料输送机、输送管道、传动装置(链式/钢索式/弹簧式)自动给料设备及其他设施等构成。饲喂系统工艺设备流程见图 3-10。

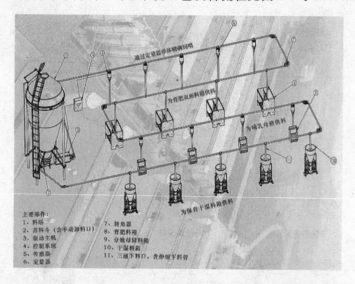

图 3-10 饲喂系统工艺设备流程图

自动喂料系统是利用闭路循环机器运行机制,通过驱动主机带动传送机构,将粉料、颗粒料或湿料送达到指定的食槽。配备90°转角轮(仅限链式)可以实现全方位传送。自动喂料系统配备可调试配量器,可以实现不同个体的精确饲喂。料位传感器和时钟控制器能够实现整套饲喂系统的自动化控制。其特点最大限度减少人工、降低成本,在劳动力成本越来越高、人力资源越来越紧张的现在及将来很有发展前景。

自动喂料系统可实现对畜禽个体的精确饲喂、统一饲喂,避免饥饿应激,实现了远程供料,节省了饲料的包装费用。自动喂料系统还减少了鼠害和疾病交叉感染,减少了人为误差,在低碳养猪中具有重要意义。

饲喂系统在猪舍安装形式见图 3-11。

在空怀和妊娠、分娩舍的应用

在保育和肥育舍的应用

图 3-11 饲喂系统在猪舍安装形式

3. 智能化精确饲喂设备及系统 智能化精确饲喂系统是由计算机软件系统作为控制中心,由一台或者多台饲喂器作为控制终端,有众多的读取感应传感器为计算机提供数据,同时根据母猪饲喂的科学运算公式,由计算机软件系统对数据进行运算处理,处理后指令饲喂器的机电部分进行工作,从而达到对母猪的数据管理及精确饲喂管理,这套系统又称为母猪智能化饲喂系统,主要包括母猪智能化精确饲喂系统、母猪智能化分离系统与母猪智能化发情鉴定系统。

(1)母猪智能化精确饲喂系统的技术原理及设备运行 猪只佩戴电子耳标,由耳标读取设备进行读取,来识别猪只的身份,传输给计算机,同时由称重传感器传输给计算机该猪的体重,管理者设定该猪的妊娠日期及其他的基本信息,系统根据终端获取的数据(耳标号、体重)和计算机管理者设定的数据(妊娠日期)等运算出该猪当天需要的采食量,然后把这个采食量分量分时间地传输给饲喂设备为该猪下料。同时,系统还可获取猪群的其他信息来进行统计计算。技术原理及设备参看图 3-12。

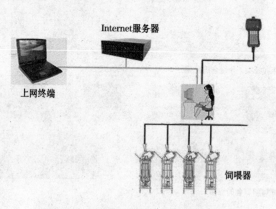

图 3-12 饲喂控制系统及设备配置图

(2)母猪智能化精确饲喂系统的优点 提高了管理人员的工作效率;提高了母猪的繁殖生产成绩,使母猪的饲养量大幅度降低;实现了生产数据管理的高度智能化,提高了猪场的科学管理水平;降低了防疫的风险。所以,母猪智能化精确饲喂系统可降低饲料及水电等相关投入,节约养猪生产成本和相关的其他费用,由于母猪数量的减少,粪污的排放也明显降低,从而更符合低碳高效养猪的发展方向。该系统还能为猪场管理者提供精确的数据进行公司运营分析。

(3)智能化饲喂系统基本功能

①实现饲喂和数据统计运算的全自动功能。

②耳标识别系统对采食的猪只进行自动识别。

③系统对每次采食猪只耳标标号、采食时刻、采食用时、采食量进行记录统计,并根据体重及妊娠天数自动计算出当天的采食量。

④自动测量猪只的当日体重,并计算出日增重。

⑤系统对控制设备的运行状态、测定状况、猪只异常情况进行全面的检测及系统报警。

⑥系统实现实时数据备份功能,显示当前采食猪的状态(图3-13)。

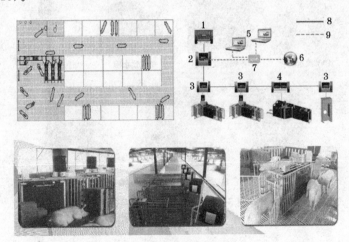

图3-13 智能化饲喂系统

（四）饮水设备、设施及器具系列

猪用自动饮水器的种类很多，主要有鸭嘴式、乳头式、吸吮式和杯式等，每一种又分多种结构形式。

鸭嘴式猪自动饮水器为规模化猪场中使用最多的一种饮水设备。

乳头式和吸吮式猪自动饮水器结构相似，均由壳体、顶杆和钢球三部分构成。

杯式猪自动饮水器供水部分的结构与鸭嘴式大致相同，杯体常用铸铁制造，也可以用工程塑料或钢板冲压成型（表面喷塑）（图3-14）。

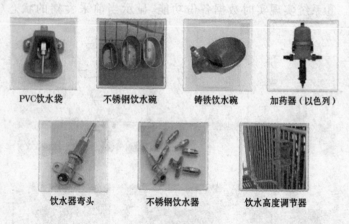

PVC饮水袋　　不锈钢饮水碗　　铸铁饮水碗　　加药器（以色列）

饮水器弯头　　不锈钢饮水器　　饮水高度调节器

图3-14　饮水器及配套设备

（五）粪污处理设备

在现代化大型养殖场，每日的粪便和污水排放量十分巨大，若不加以妥善及处理，对生态环境将造成很大的破坏，因此在设计建造大型养殖场时,粪污处理设备是一项必须考虑的投资(详见第八章)。在此只简单介绍清粪设备。

常用的清粪机械有链式刮板清粪机、往复式刮粪板清粪机等。

1. 链式刮板清粪机 链式刮板清粪机由链刮板、驱动装置、导向轮和张紧装置等部分组成。此方式不适用于高床饲养的分娩舍和培育舍内清粪。

链式刮板机的主要缺陷是由于倾斜升运器通常在舍外,在北方冬天易冻结。因此,在北方地区冬天不可使用倾斜升运器,可由人工将粪便装车运至集粪场。

2. 往复式刮板清粪机 往复式刮板清粪机由带刮粪板的滑架(两侧面和底面都装有滚轮的小滑车)、传动装置、张紧机构和钢丝绳等构成。

(六)猪舍环境调控设备

猪舍环境控制主要是指猪舍采暖、降温、通风及空气质量的控制,需要通过配置相应的环境调控设备来满足各项环境指标。

1. 通风设备 猪舍通风一方面可起到降温作用;另一方面,通过舍内外空气交换,引入舍外新鲜空气,排除舍内污浊空气和过多水气,以改善舍内空气质量。实际生产中广泛应用的通风模式主要有3种:横向通风、纵向通风、联合通风。

各种猪群所需通风量技术参数见表3-8。

表3-8 各种猪群所需通风量技术参数

猪群类别	通风换气量(米²/时·头)			风速(米/秒)	
	冬季	春秋季	夏季	冬季	夏季
种公猪	0.45	0.6	0.7	0.2	1.00～1.20
妊娠前期母猪	0.35	0.45	0.6	0.3	1.00～1.20

续表 3-8

猪群类别	通风换气量(米²/时·头)			风速(米/秒)	
	冬 季	春秋季	夏 季	冬 季	夏 季
妊娠后期母猪	0.35	0.45	0.6	0.2	1.00～1.20
带仔母猪	0.35	0.45	0.6	0.15	0.4
哺乳母猪	0.35	0.45	0.6	0.15	0.4
培育仔猪	0.35	0.45	0.6	0.2	0.6
生长猪	0.45	0.55	0.6	0.3	1.00～1.20
肥育猪	0.35	0.45	0.65	0.3	1.00～1.20

(1)横向通风　主要是用于解决猪舍冬季通风换气而设计的。一般由侧墙风扇或屋顶烟筒式风扇与进气小窗组成，而且风扇可以根据畜舍要求实现无级变速，以便形成不同的舍内负压；进气小窗在压力传感器的指导下根据风量自动调节窗口的开启角度。冷空气通过进气小窗首先向上流动，经过预热后自然沉降，从而减小冷空气对猪只的直接刺激，达到均衡、舒缓的换气通风效果(图 3-15)。

(2)纵向通风　是一种最为广泛的通风模式，一般多用于猪舍夏季降温、通风之用。其原理是猪舍的一端安装若干大型风机，相对另一端安装湿帘或直接设置进风口，在舍内负压的基础上，当外界热空气经过湿帘的时候能够降低温度 8℃～10℃，从而实现猪舍降温的目的。而通风口的设置能够让猪舍形成一定的空气流动即风速，空气流动可以使猪只完成蒸发散热，从而达到降温的目的(图 3-16)。

(3)联合通风　是猪舍环境控制中最理想的通风方式，它是结合横向通风与纵向通风，在控制系统或温控计算机的整体控制下

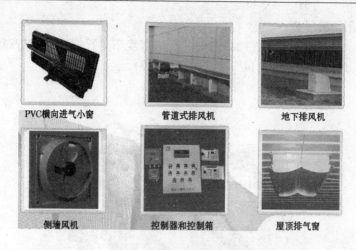

PVC横向进气小窗　　管道式排风机　　地下排风机

侧墙风机　　控制器和控制箱　　屋顶排气窗

图 3-15　横向通风设备

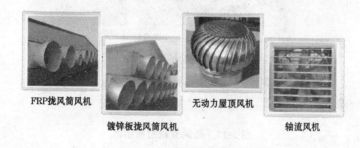

FRP拢风筒风机

镀锌板拢风筒风机　　无动力屋顶风机　　轴流风机

图 3-16　纵向通风设备

根据畜禽的生理要求实现自动控制的理想模式,能够使猪舍一年四季保持最佳的环境条件。

(4)猪舍通风注意事项

①夏季采用机械通风在一定程度上能够起到降温的作用,但过高的气流速度,会因气流与猪体表间的摩擦而使猪感到不舒服。因此,猪舍夏季机械通风的风速不应超过 2 米/秒。

②猪舍通风一般要求风机有较大的通风量和较小的压力,宜

采用轴流风机。

③冬季通风需在维持适中的舍内温度下进行,且要求气流稳定、均匀,不形成"贼风",无死角(图 3-17)。

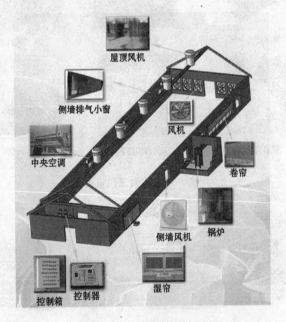

屋顶风机

侧墙排气小窗

风机

中央空调

卷帘

侧墙风机　锅炉

控制箱　控制器　湿帘

图 3-17　通风流程控制示意

2. 采暖降温设备

(1)降温设备　为了确保舍内良好的气温与环境条件,夏季需要安装降温设备,其中应用最广泛的是湿帘—风机降温系统。该系统的工作原理是利用水分蒸发交换的机制,通过风机的强制通风作用,加快舍内空气流动,给空气加湿、降温,因湿帘风阻小蒸发效率高等优点而使降温效果明显。具体做法是通过供水系统将冷水送到湿帘顶部,从而淋湿水帘纸质,当空气通过潮湿的湿帘时,水与空气充分接触,通过蒸发达到降温的目的(图 3-18)。

墙式湿帘　　水帘降温一体机　　微雾冷风机　　变速直驱风机

图 3-18　湿帘—风机降温系统

（2）加温设备　猪场常用的采暖方式主要有热水采暖系统、热风采暖系统及局部采暖系统。

传统的供热设备包括暖气、地热、热风炉、柴油炉等，当前运行效果较好的一种加温方式是新开发的畜禽舍空调系统，该系统利用风机盘管把热水提供的热量迅速传送出去，快速实现舍内通风效果。该空调系统较适合产房及保育舍的保暖与通风，地热的取暖方式对育成肥育猪效果更好一些。水暖循环地热供暖方式采取常压特制锅炉提供热源，以猪腹部实感温度为保暖主要目的。栏内 2/5 为地热躺卧采食区，地面下有塑胶管材供热，塑料管下用聚苯板和炉灰与地下隔热保温。它结构简单，便于安装，操控简明，使用寿命长，并且可以一次投资，多年受益（图 3-19）。

中央空调　　　　　　　热风炉

保湿卷帘

图 3-19　猪舍加温设备

（七）其他设备及器具

猪场还有一些其他常用设备，如电热板、背膘测定仪、妊娠探测仪、活动电子秤、模型猪、耳号钳及电子识别耳牌、断尾钳、仔猪转运车以及用于猪舍消毒的火焰消毒器、高压清洗机等（图3-20）。

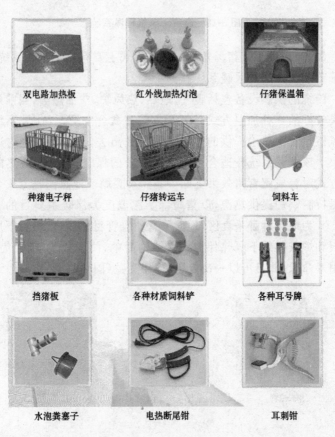

双电路加热板	红外线加热灯泡	仔猪保温箱
种猪电子秤	仔猪转运车	饲料车
挡猪板	各种材质饲料铲	各种耳号牌
水泡粪塞子	电热断尾钳	耳刺钳

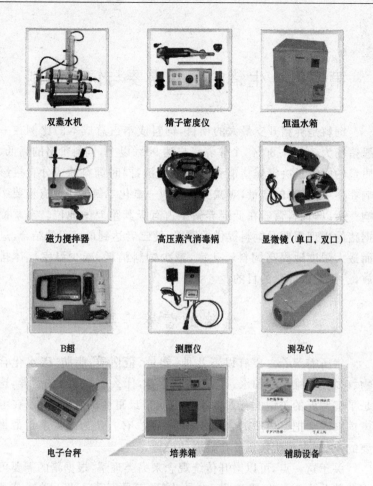

双蒸水机　　　　　精子密度仪　　　　　恒温水箱

磁力搅拌器　　　高压蒸汽消毒锅　　　显微镜（单口，双口）

B超　　　　　　　测膘仪　　　　　　　测孕仪

电子台秤　　　　　培养箱　　　　　　辅助设备

图 3-20　猪场辅助器械及耗材

第四章　生猪的营养需要与饲料配制

　　饲料是养猪开支最大的项目,饲料成本占总成本的比例在一般猪场为 70%～80%,个体养猪户达 90% 以上,饲料价格的高低、质量的好坏是决定养猪能否赚钱的关键,同时饲料的成分直接影响粪便中氮、磷的含量,对减少粪便中一氧化二氮的排放有重要影响。所以,饲料营养在低碳养猪中占有极其重要的地位。本章根据猪的生理需要及饲料提供的营养,使二者达到最完美的结合,进而最大限度地提高饲料转化率,减少饲料消耗,减少温室气体排放,达到低碳养猪的目的。

一、生猪的营养需要

　　猪所需营养主要有以下几种:能量、蛋白质、脂肪、碳水化合物、矿物质、维生素和水。但什么是营养,什么是最重要的营养,这是了解营养的关键。有人会说蛋白质是最重要的营养,所以在考虑饲料时会把蛋白质的含量放在第一位;有人认为维生素是最重要的,也有人把矿物质放在显要的位置。

　　关于这一点,可以撇开传统观念来另类理解,根据猪的需要可将营养分为 3 类:一是良药,二是营养,三是毒药。当一种成分严重缺乏时,已经引起猪发病,那这种成分就是良药,因为提供了这种成分,猪会从疾病转为正常;而如果猪不是严重缺乏,但缺乏了又对身体不利时,这种成分就是营养,也就是我们饲料中应该满足的。但当一种成分已经过量,增加供应会引起猪发病甚至死亡,那这种成分就成了毒药。前面所说的能量、蛋白质、脂肪、碳水化合物、矿物质、维生素和水,甚至氧气,既有可能是营养,也可能是毒药。比如说能量,如果能量提供过多,而蛋白质过少,那会出现母猪不能发情妊娠,公猪不能产生精子,这就造成了繁殖方面的疾病,这时的能量就是毒药;而我们所说的毒药砒霜,如果少量使用,可以促进血液循环,提高生长速度和饲料转化率(作用同阿散酸)。在冬季封闭猪舍,氧气可能是限制生猪生产的第一营养,供足了氧气,可以大大减少呼吸道疾病的发作,提高生产性能;而对于冬季的母猪,能量往往是第一营养,同样的喂料量,夏季母猪体况正常,而到了冬季,如果不提高能量浓度,母猪会表现得严重消瘦,抵抗力降低,甚至影响发情配种等。

本章的重点就是要辨证地看待营养与需要的关系,明确各种营养的基本作用与猪的需要量,然后按科学要求,配制各种营养成分平衡的全价饲料,用最少的资源生产出最多而质优的生猪产品。

(一)能 量

猪体维持生命和生产活动,都需要能量。能量主要来源于饲料中的淀粉、脂肪、蛋白质等。能量分为维持能量和生产能量两部分,维持能量主要用于维持猪正常的生命活动,如呼吸、体温恒定、随意活动等;生产能量用于猪生长、产奶等。能量不足时,猪所吸收的能量主要用来维持生命,猪会出现生长缓慢甚至停止生长,不能生产出我们所需的产品,仔猪不能正常生长,繁殖母猪不能正常发情,妊娠母猪只能产出又小又少的仔猪;而能量过剩,又会造成浪费,母猪因能量过剩而引起不孕、胚胎发育不良或产后乳房炎、肥猪因超膘降低售价等。要想达到能量的最合理利用,必须根据猪不同时期的特点,合理搭配饲料。

饲料成分及营养价值表上出现的总能、消化能、代谢能和净能是代表饲料能量的指标。

1. 总能 是指饲料中碳水化合物、粗脂肪和粗蛋白质中所含能量的总和。经测定,淀粉中所含的总能是 17.57 兆焦/千克,脂肪 39.33 兆焦/千克,蛋白质 23.85 兆焦/千克。常用饲料,如玉米总能为 16.6 兆焦/千克,大豆 17.11 兆焦/千克,麦麸 16.28 兆焦/千克,野干草 15.73 兆焦/千克,米糠为 16.53 兆焦/千克等。

饲料中的总能并不能被猪全部消化吸收。例如,淀粉是由葡萄糖组成的,纤维素亦是由葡萄糖组成的,因此它们的能量约为 17.57 兆焦/千克,是在测热器上测出的。但是,由于它们的结构不同,反刍动物可以消化利用部分纤维素,而猪等非反刍动物就不能很好地利用粗纤维。再如,玉米和玉米秸秆的总能相近,但玉米能被猪消化利用的能量要比玉米秸秆多 7 倍。因此,总能只能说明饲料本身所具有的能量,并不能从饲料营养成分反映出猪能获得的能量。

2. 消化能 饲料的可消化物质中所含有的能量,即从饲料总能中除掉不能消化的物质含的能量——粪能。

饲料消化能＝饲料总能－粪能

不同品种及各生长阶段消化能力是不同的,所以同一饲料会有不同的消化能。目前消化能主要用作猪的能量供给指标。

3. 代谢能 是比消化能更精确一些的能量指标,它能较准确地反映饲料中能量可被猪有效利用的程度。

饲料代谢能＝饲料消化能－尿能－胃肠道气体能

尿能是指饲料被消化吸收后蛋白质的代谢产物,如尿素、肌酸等成分中含有的能量。胃肠道气体能是指由于淀粉在体内发酵产生的甲烷等气体中含有的能量。尿能和胃肠道气体能不再被机体利用,前者从尿中排出,后者经肛门、口腔和鼻孔排出。

代谢能实际代表了生理有用能,目前被广泛用作牛、猪、禽的能量指标,尤以用于家禽居多。

4. 净能 是更精准的动物营养与饲料能量指标。饲料在消化吸收的过程中,有一部分能量以热能的形式散失掉了,这种热能损耗称为食后增热。在代谢能中扣除食后增热,就是饲料的净能。

饲料净能＝饲料代谢能－食后增热

对猪来说,净能又分维持净能、产奶净能、生长净能等。

维持是指动物不生产、体重不变、体内营养素的种类和数量保持恒定的状态。维持需要指维持状态下对各种营养物质的需要量。

(二)蛋白质

蛋白质是生命的组成部分,是生命活动的物质基础,没有蛋白质就没有生命。蛋白质存在于机体的每一个部位,是猪肉产品的主要组成成分,蛋白质营养在养猪业中占有举足轻重的地位。

1. 蛋白质的组成 饲料上常用的蛋白质有两个概念,一是粗蛋白质,二是真蛋白质。

粗蛋白质是饲料中含氮物的总称,粗蛋白质的定义是饲料样品中的氮含量乘以系数 6.25。大多数蛋白质一般都含 16% 的氮,该系数即由此推导而来。粗蛋白质中除真蛋白质外,还含有许多动物不能利用的含氮化合物,如氨化物、硝化物等,即无机氮。所以,粗蛋白质含量高的饲料,不能说明可利用蛋白质的含量肯定高。

真蛋白质指纯蛋白质,由多种氨基酸组成。蛋白质是由多种氨基酸通过不同的次序组合成不同的蛋白质。猪体蛋白质由 20 多种氨基酸组成,猪体不能合成而饲料中容易缺乏的氨基酸称为限制性氨基酸,有赖氨酸、蛋氨酸、苏氨酸等,根据缺乏的程度不同分别称为第一、第二、第三限制性氨基酸。限制性氨基酸的数量决定了饲料中蛋白质的利用效率及猪的生长速度,这与木桶原理相同。所以,在低碳养猪饲料配制技术中限制性氨基酸的利用尤为关键,作用原理如图 4-1。

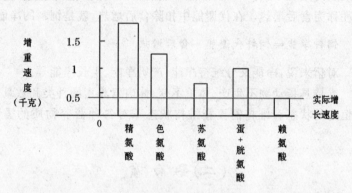

图 4-1 限制性氨基酸作用原理

从图 4-1 我们可以看出,饲料中蛋氨酸可以满足日增重 1 千克的需要,色氨酸可以满足日增重 1.2 千克的需要,而实际日增重只有 0.5 千克,即赖氨酸所能满足的增重速度,那么在这种饲料中赖氨酸就是第一限制性氨基酸。

所以,评价饲料质量好坏,不能单纯从蛋白质含量来确定,往往以含必需氨基酸特别是赖氨酸的多少来体现。比如,常用的乳猪料,蛋白质含量一般都在 20%左右,但含赖氨酸 1.5%的饲料营养价值比 1.2%的要高得多;当然还有各种氨基酸的适宜比例和其他成分的差别,所以也就出现了虽然蛋白质含量相同但价格差距相当大的现象。

2. 蛋白质的消化和利用 猪体蛋白质是由饲料中的蛋白质转化而来的。饲料蛋白质经猪采食后在消化道经过各种消化酶的作用变为可被肠道吸收的氨基酸,氨基酸被吸收后在猪体内合成新的蛋白质,这些蛋白质组成猪体的不同组织,如肌肉、皮肤、被毛等。

3. 蛋白质缺乏症 蛋白质供应不足会产生以下后果:猪生长

缓慢或停止生长；公猪精子数量减少、品质降低，影响配种；母猪发情异常，不易受胎，或受胎后胎儿发育不良，甚至产生怪胎、死胎及弱胎；哺乳母猪产奶量下降、品质降低，进而导致乳猪生长受阻。

4. 蛋白质过量的后果　饲料中蛋白质过量包括两种情况：一是绝对数量的过量；二是在氨基酸不平衡的基础上，一部分氨基酸过量而另一部分氨基酸（必需氨基酸）缺乏。两种情况都会使成本增加，造成资源浪费、粪尿中氮的含量增加，与低碳饲养的理念背道而驰，甚至还会引起机体代谢紊乱、蛋白质中毒。所以，过多地供给蛋白质并不会产生好的效果。

（三）脂　肪

饲料中的脂肪一般用粗脂肪来表示，粗脂肪是饲料中脂溶性物质的总称。常规饲料分析采用乙醚浸提所得的乙醚浸出物。粗脂肪中除真脂肪外，还含有其他溶于乙醚的有机物质，如叶绿素、胡萝卜素、有机酸、树脂、脂溶性维生素等物质，故称粗脂肪或乙醚浸出物。

凡是体内不能合成，必须由饲粮供给，或能通过体内特定先体物形成，对机体正常功能和健康具有重要保护作用的脂肪酸称为必需脂肪酸。必需脂肪酸有亚油酸、亚麻酸和花生四烯酸。

脂肪的功能：

①氧化提供能量，促进脂溶性维生素的吸收。

②是细胞膜的重要成分。脂肪是磷脂的重要组成成分，磷脂则是细胞膜的主要结构成分。所以，必需脂肪酸的作用是非常重要的，必需脂肪酸缺乏，会引起生长迟缓，生殖障碍，皮肤损伤以及肾脏、肝脏、神经和视觉方面的多种疾病。但过多的不饱和脂肪酸的摄入，也可使体内有害的氧化物、过氧化物等增加，同样对身体产生多种慢性危害。

（四）碳水化合物

碳水化合物是植物光合作用的主要产物,可占植物干重的80%,包括淀粉、纤维素、葡萄糖、果糖、蔗糖等。

碳水化合物可分为易消化碳水化合物和纤维类物质两大类,猪对易消化碳水化合物的消化主要是对淀粉和糖的酶解过程,猪的消化道可分泌多种碳水化合物酶。

碳水化合物消化吸收后主要有如下作用:

1. 提供能量 虽然碳水化合物产热低于同等重量脂肪的产热量,但因为它在植物饲料中含量多,所以生猪主要依靠碳水化合物氧化分解提供能量;特别是葡萄糖是神经系统、肌肉、胎儿生长发育的主要能源,如葡萄糖供应不足,仔猪会出现低糖血症。

2. 提供结构物质 碳水化合物可在猪体内转化成具有多种营养生理功能的结构物质,如硫酸软骨素在软骨中起结构支持作用;肝素对保证血液循环、营养物转运起重要作用;葡萄糖还可合成乳糖和脂肪等。

3. 作营养、能量储备 碳水化合物还可转变为糖原或脂肪作为营养和能量储备,肥育猪体内可合成大量脂肪,就是因为食入了丰富的碳水化合物。

4. 免疫功能 碳水化合物中的异麦芽寡糖、低聚果糖、低聚木糖等可提高猪的免疫作用。

纤维素类物质作为碳水化合物虽然不易消化,但有其独特的作用:①控制采食量,当日粮粗纤维含量低于100克/千克时,日粮粗纤维每提高1%,猪的采食量提高3%;但当日粮粗纤维含量高于100克/千克时,猪的采食量反而下降、②维持猪体内正常的微生态系统。③维持肠胃正常蠕动功能,如麦麸中粗纤维含量较高,对结肠的前进式蠕动有促进作用,可防止便秘。但纤维素的过量添加可降低蛋白质、淀粉、脂肪等的消化率。

(五)矿物质

矿物质也叫粗灰分,是动、植物经过燃烧后剩下的灰分,也就是常说的无机元素,根据其在猪体内含量的多少分为常量元素和微量元素两大类。猪体内主要的矿物元素有钙、磷、钠、钾、氯、铁、铜、锌、硒、砷、铬等。

1. 钙、磷

(1)功用　这两种元素都是构成骨骼的主要成分,在正常骨骼干物质中钙约占 36%,磷约占 18%,钙还大量存在于血液、淋巴、消化液中,对血液的凝固、神经与肌肉的功能有重要作用。

(2)缺乏症　饲料中钙、磷不足,对各年龄段的生猪都会产生较大的影响。仔猪缺钙、磷会发生骨软症,生长缓慢,四肢软弱无力,严重者会出现神经症状;成年猪缺钙、磷后骨骼变粗,关节肿大,易发生骨折;哺乳母猪缺钙、磷危害最大,为了产奶的需要,往往会动用骨骼中的钙、磷,出现跛行甚至瘫痪。钙和磷缺乏一种或同时缺乏都会产生以上症状,而且其中一种供应过多也会造成另一种的缺乏,所以配制日粮时既要在数量上满足,又要在比例上必须平衡,否则会产生不良后果。猪日粮钙磷比以 1.5~2:1 为宜。

(3)钙、磷的来源　常用动物性饲料,如鱼粉、肉骨粉都含有充足的钙、磷,能满足猪的需要。而植物性饲料中一般缺钙,含磷尽管较多,但大部分是植酸磷,不能被猪所利用,所以在以植物性饲料为主的日粮中都必须注意钙和磷的补充。含钙多的饲料有石粉、贝壳粉,同时含钙、磷较多的饲料有骨粉、磷酸氢钙等。

2. 钠、钾、氯　这 3 种元素的作用主要是维持体液渗透压平衡,同时对调节肌肉、心脏的活动有密切关系,钠和氯对猪的消化有重要作用,饲料中缺少钠和氯可引起猪的活力下降、食欲减退、精神不振、增重缓慢。钾在饲料中一般不易缺乏。配制饲料时千万不能忽视食盐的补充,食盐过量也会造成中毒现象。

3. 铁、铜、锌 铁是构成血红蛋白、肌红蛋白等的重要成分，缺铁会造成血红蛋白不足，氧气和二氧化碳运输受阻，出现贫血症状。特别是初生仔猪，对铁的需要量大，而母乳中往往含量不足，仔猪出生 3 天后必须得到外源补充。

铜不是血红蛋白的成分，但在血红蛋白的合成过程中起着重要作用，缺铜会影响铁的利用，即使铁含量丰富，也会出现贫血。高铜还有抑制细菌和促生长作用，但高铜会从粪便中排出，带来环境的污染，不符合低碳饲养要求，所以一定要注意添加剂量和使用时间。

锌是许多酶、激素的构成成分，同时和毛发的生长、皮肤的健康等有关。缺锌的表现为皮肤角化不全，皮肤粗糙，生长受阻，甚至因皮肤保护力下降继发其他疾病。猪对锌的需求量受其他成分影响很大，如高钙、高铜饲料必须相应补充锌。

4. 硒、砷、铬 硒对猪的作用越来越受到重视，种猪繁殖功能下降、肝坏死、白肌病、水肿病等的发生往往都和硒的缺乏有关。为防止仔猪缺硒，给初生仔猪注射铁硒针剂或亚硒酸钠已成为一些猪场必不可少的程序。

砷是近几年才大量使用的一种微量元素，适量使用含砷的阿散酸、洛克沙胂等药物添加剂可起到促进生长、改善饲料报酬的功效，但大量使用易造成中毒现象。

铬是动物必需的微量元素。铬的主要作用是增强胰岛素的活性，促进糖、脂肪的代谢和蛋白质的合成。据近几年的试验报道，补有机铬可以提高初产母猪的产仔性能，提高猪瘦肉率和日增重。

（六）维 生 素

维生素是维持正常生理功能所必需的低分子有机化合物，根据其溶解性分为脂溶性和水溶性两大类。脂溶性维生素包括维生素 A、维生素 D、维生素 E、维生素 K。水溶性维生素包括 B 族维生素和维生素C。

1. 维生素A 维生素A仅存在于动物体内,植物只含可转化为维生素A的胡萝卜素。对猪来说,每毫克胡萝卜素只能转化0.16毫克维生素A。

维生素A的主要功能是保护上皮组织结构的完整和健全,同时与合成感光物质有关,另外还可促进仔猪生长和参与性激素的合成。缺乏维生素A会发生夜盲症、干眼病、仔猪生长缓慢、母猪性周期异常、公猪精液品质下降等诸多病状。

2. 维生素D 维生素D的主要功能是调整钙、磷平衡,增进动物体对钙磷的吸收利用。缺乏维生素D会出现与缺乏钙磷同样的病症,如佝偻病、骨软症、骨质疏松症等。维生素D可以从饲料中获得,也可以在日光照射下由体内合成,所以经常生活在日光照射下的猪不需补充,但在密闭猪舍中容易缺乏,必须添加。

3. 维生素E 维生素E也称生育酚,主要作用与繁殖功能有关,具有抗氧化作用。缺乏后易发生公、母猪的繁殖功能障碍,如公猪精子数量减少、睾丸退化,母猪不孕、流产等,肥育猪易发生白肌病。

4. 维生素B B族维生素主要有硫胺素(B_1)、核黄素(B_2)、维生素B_6、生物素、维生素B_{12}等。一般新鲜饲料中都含有足够的维生素B,但维生素B_{12}只有在动物性饲料中含有,在以植物性饲料为主的日粮中应补充维生素B_{12}。

5. 维生素C 维生素C又称抗坏血酸。蔬菜、青绿饲料都含有丰富的维生素C,猪体内也能合成,一般情况下不易缺乏。但在受到应激时自身合成受阻,容易缺乏。所以,在高温、运输、转群、仔猪断奶时应增加维生素C的供应。

（七）水

水是养猪生产中最基本、最重要、最便宜的营养物质。动物缺乏有机养分可维持生命 100 天左右,但缺水只能生存 5~10 天,可见机体对水的需要比对其他营养物质的需要更重要,在养猪生产中因其廉价易得往往被忽视。

水是猪体的主要组成成分,猪体内水占 55%~75%,仔猪体内 70%是水,初生仔猪体内水分最高可达 90%,随体重的增加,体内含水量下降,至 100 千克时,水分占到 50%。下面从水量和水质两方面阐述其对养猪的影响。

1. 饮水量不足对猪的影响 ①导致消化率降低,影响生长发育。体内一旦缺水,采食量降低,肠蠕动减弱,营养吸收不全,消化率降低,饲料报酬降低,泌乳量少,生长发育受阻。②导致猪体产生毒素,发病率增高。猪体在新陈代谢过程中产生的废弃物需要通过水来排泄,如果缺水这些废物就不能及时运送出体外就会产生毒素,严重者会由于中毒而死亡。此外,猪缺水口渴就会喝脏水易导致消化道疾病。

保证猪有足够的饮水是非常必要的,当饮水器的水流速度较慢时,猪并不是等到饮够足够量时才离开,这就会导致缺水,进而导致采食量下降。所以,饮水器的水流速度非常关键,表 4-1 是不同阶段猪只适宜的饮水器水流速度。

表 4-1 不同体重猪适宜饮水器水流速度

体重(千克)	饮水器水流速度
6~10	0.5 升/分
10~50	0.7 升/分
50~90 及妊娠母猪	1.0 升/分
哺乳母猪	1.5 升/分

2. 水质不良对猪的影响 水质的影响主要来自 3 个方面:

①水中细菌总数，超过每毫升 100 个，大肠杆菌超过每毫升 3 个就会引起猪的腹泻。②铁含量，过高会促进肠道病原菌的增殖。③硫酸盐含量，过高会引起下痢。所以，应对猪场的水源进行必要的检测。

各种猪的营养推荐量见表 4-2。

表 4-2　各种猪的营养推荐量

日　龄	仔　猪			肥育猪		母　猪		
	1～5	5～10	10～20	20～60	60～90	妊娠前期	妊娠中期	哺乳期
预期日增重（克）	160	280	420	—	—	—	—	—
增重/饲料（克/千克）	800	600	462	—	—	—	—	—
消化能（兆焦）	16.74	15.14	13.85	12.97	12.97	11.71	11.71	12.13
粗蛋白质（%）	27	22	19	16	14	11.0	12.0	14.0
生理阶段	1～5	5～10	10～20	20～60	60～90	妊娠前期	妊娠中期	哺乳期
赖氨酸（%）	1.40	1.00	0.78	0.75	0.63	0.35	0.36	0.50
蛋氨酸胱氨酸（%）	0.80	0.59	0.51	0.38	0.32	0.19	0.19	0.31
苏氨酸（%）	—	—	—	0.45	0.38	0.23	0.28	0.37
异亮氨酸（%）	—	—	—	0.41	0.34	0.31	0.31	0.33

续附表 4-2

	仔　猪			肥育猪		母　猪		
钙(%)	1.00	0.83	0.64	0.60	0.50	0.61	0.61	0.64
磷(%)	0.80	0.63	0.54	0.50	0.40	0.49	0.49	0.46
食盐(%)	0.25	0.26	0.23	0.23	0.25	0.32	0.32	0.44

二、常用饲料介绍

(一)能量饲料

能量饲料是指干物质中粗纤维含量低于18％,粗蛋白质含量低于20％的各种饲料。能量饲料的一个共同特点是能量含量高,粗蛋白质含量8％～15％,氨基酸含量不平衡,特别是限制性氨基酸含量较低,必须与优质蛋白质饲料配合使用。

下面是几种常见的能量饲料:

1. 玉　米

(1)营养特点　玉米是最常用的能量饲料,具有产量高、有效能值高、适口性好、易消化等特点,被誉为饲料之王。但玉米的蛋白质含量低,氨基酸不平衡,矿物元素含量低,所以以玉米为主的饲料必须搭配高蛋白质饲料。玉米在贮存过程中易发生霉变,对猪有很大危害。

(2)质量的评定　玉米一般分为3个等级,各等级营养指标见表4-3。

我们对玉米的认识,往往停留在表面上,设计饲料配方时也不会考虑玉米质量问题,都是以营养数据为准,在生产上不容易测定,表4-4的玉米标准更容易掌握。

表4-3　不同等级玉米营养成分

饲料名称		玉 米	玉 米	玉 米
饲料描述		NY/T 1 级成熟	NY/T 2 级成熟	NY/T 3 级成熟
干物质	%	86	86	86
粗蛋白质	%	9.4	8.7	7.8
粗脂肪	%	3.1	3.6	3.5
粗纤维	%	1.2	1.6	1.6
无氮浸出物	%	71.1	70.7	71.8
粗灰分	%	1.2	1.4	1.3
钙	%	0.02	0.02	0.02
总　磷	%	0.27	0.27	0.27
非植酸态磷	%	0.12	0.12	0.12
猪消化能	%	14.39	14.27	14.18

表4-4　玉米标准

等　级	容　重 (克/升)	杂　质 (%)	水　分 (%)	不完善粒 (%)	生霉粒 (%)	色泽、气味
1	≥710	≤1.0	≤14.0	≤5.0	≤2.0	正　常
2	≥685	≤1.0	≤14.0	≤5.0	≤2.0	正　常
3	≥660	≤1.0	≤14.0	≤5.0	≤2.0	正　常

　　表4-4中,生霉粒的比例是一个重要的指标,除霉菌毒素的危害外,发霉玉米的营养被破坏,适口性降低,减少采食量。另外,容重大的玉米营养价值高,而容重小的玉米往往是成熟度差的,里面

含有不容易消化的成分,影响饲喂效果。

(3)影响玉米质量的因素　玉米质量受许多因素的影响,如产地、品种、生长期、贮存过程、水分、杂质、新旧玉米、籽粒饱满度等。

2. 高粱　高粱有效能值稍低于玉米。高粱含一种叫单宁的成分,具有苦涩味,影响猪的采食量并降低对能量、蛋白质的利用率,实际生产中很少使用。

3. 小麦　小麦的能值次于玉米,但其蛋白质含量及氨基酸配比好于玉米。小麦的不足之处在于加工难,加工过粗不易消化,加工过细,粉尘增多又会发黏、适口性差,影响猪采食量。但随着近年来玉米发霉严重,用小麦代替玉米,可减轻霉菌毒素的危害,特别是对需要限饲的母猪来说,是一个非常好的选择。

我国北方,尤其是中原地区,是小麦的主产区,但是小麦中含有大量的木聚糖、β-葡聚糖、甘露聚糖和果胶等成分。这些成分,在饲料营养中属于抗营养因子,因为猪体内缺乏相应的酶,猪食入小麦后这些成分很难消化,会沉淀在胃里形成抗营养因子。所以,在利用小麦时应添加由木聚糖酶、β-葡聚糖酶、甘露糖酶和果胶酶等组成小麦复合饲料酶,以提高小麦的利用率。

4. 麦麸　麦麸也称麸皮,是小麦加工副产品。麦麸含能量不高,但含蛋白质较高,氨基酸比例平衡,同时含较多的维生素和粗纤维。麦麸还具有轻泻作用,可以调节能量浓度,加上价格低廉,已成为饲料配合不可缺少的重要原料。

5. 稻谷　稻谷的有效能值以及蛋白质等都较低,主要与其外壳不能消化有关,去壳后的糙米或碎米营养价值有很大程度的提高,可以大量用作能量饲料,代替玉米可消除霉菌毒素的危害。

(二)蛋白质饲料

蛋白质饲料是指饲料干物质中粗蛋白质含量在 20% 以上、粗纤维含量在 18% 以下的动植物产品,如鱼粉、豆粕、棉粕、菜粕等。

1. 鱼粉　鱼粉是动物性蛋白质饲料,国产鱼粉含粗蛋白质 50％左右,进口鱼粉含粗蛋白质 60％以上。鱼粉中限制性氨基酸含量丰富,是一种优质的蛋白质饲料。但由于产地、鱼种以及加工方式等原因,鱼粉质量参差不齐。另外,鱼粉掺假现象严重。所以,使用鱼粉时一要固定货源,二要进行必要的饲喂效果对比试验。

鱼粉的营养价值取决于制作鱼粉的原料和加工工艺。营养特点是:

①粉蛋白质含量高,各种氨基酸含量高且平衡,所以其生物学价值也非常高。

②鱼粉含有较高的脂肪,进口鱼粉含脂肪约占 10％,国产鱼粉含 10％～14％,因此能值高。

③鱼粉含钙 3.8％～7％、磷 2.76％～3.5％,钙磷比为 1.4：2.1,鱼粉质量越好,含磷量越高,磷的利用率为 100％。但在贮存过程中,磷被游离出来成为单质磷。单质磷燃点很低,不需明火即可自然。

④鱼粉中锌和硒的含量最高,可补充其他饲料原料的不足。

⑤B 族维生素丰富,尤其是富含胆碱和维生素 B_2。据分析,每千克秘鲁鱼粉维生素 B_2 含量 7.1 毫克,泛酸 9.5 毫克,维生素 H_3 90 微克,叶酸 0.22 毫克,胆碱 3 978 毫克,烟酸 68.8 毫克,维生素 B_{12} 110 微克。

⑥含有未知促生长因子,其准确成分还没有提纯,故未定名,但其促生长作用是肯定的。

综上所述,鱼粉既是平衡蛋白质和氨基酸的优良动物性蛋白饲料,也是平衡矿物质特别是微量元素的好饲料。

2. 豆粕　豆粕是大豆提取油脂后的副产品,是目前使用最广的蛋白质饲料。豆粕中含粗蛋白质 40％以上,且限制性氨基酸——赖氨酸含量高,可达 2.4％以上,与含赖氨酸不足的能量饲料搭配使用效果很好。豆粕的质量受加工方法影响很大,豆粕的原料大豆中含一种胰蛋白酶抑制因子,影响蛋白质的吸收利用。这种蛋白质酶抑制因子对热不稳定,100℃以上的高温会使其遭到破坏失去对蛋白质消化的影响,但过高的温度又会降低蛋白质的利用率。在选料和配料时要根据其颜色、熟化程度等综合考虑。

豆粕一般呈不规则碎片状,颜色为浅黄色至浅褐色,具有烤大豆香味。豆粕含粗蛋白质 40%～48%,赖氨酸 2.5%～3%,色氨酸 0.6%～0.7%,蛋氨酸 0.5%～0.7%。

市面上的豆粕一种是普通豆粕,粗蛋白质在 43%左右,是用量最大的一种;另一种是去皮豆粕,粗蛋白质 46%左右;三是膨化豆粕,豆粕经过高温膨化,粒度更小,更容易消化,对于消化能力差的仔猪更为适合。

3. 棉粕   棉粕是棉籽提取油脂后的副产品,粗蛋白质 40%左右,也是一种常用的蛋白质补充料。棉粕中含棉酚,在猪体内积累到一定数量会造成中毒甚至死亡。棉粕的用量一般控制在饲料总量的 5%以下。

不同制油方法生产出的棉籽饼(粕)营养成分差别很大,见表4-5。

表 4-5　棉籽饼(粕)的营养成分

营养成分	土榨饼	螺旋压榨饼	浸出粕
粗蛋白质(%)	20～30	32～38	38～41
粗脂肪(%)	5～7	3～5	1～3
粗纤维(%)	16～20	10～14	10～14
粗灰分(%)	6～8	5～6	5～6
代谢能(兆焦/千克)	7	8.2	7.9

棉籽饼、粕的蛋白质组成不太理想,精氨酸含量高达 3.6%～3.8%,而赖氨酸含量仅有 1.3%～1.5%,只有大豆饼、粕的一半,是第一限制性氨基酸。蛋氨酸也不足,为 0.4%左右。同时,赖氨酸的利用率较差。故赖氨酸是利用棉籽饼、粕时应考虑的。

4. 菜籽粕　菜籽饼、粕是以油菜籽为原料经过取油后的副产物。菜籽饼的粗蛋白质含量 34%～38%,其氨基酸组成的特点是蛋氨酸含量高(仅次于芝麻饼、粕),赖氨酸含量亦高。精氨酸含量是饼、粕饲料中最低的。菜籽饼、粕的有效能值偏低(淀粉含量低、菜籽壳难以消化利用)。矿物质中,钙、磷、硒和锰的含量高,特别是硒的含量是常用植物饲料中最高的。

菜籽中含有硫葡萄糖苷、芥子碱、单宁、皂角苷等抗营养因子,其中主要是硫葡萄糖苷。硫葡萄糖苷本身无毒,但在一定温度和水分条件下,经过菜籽本身含有的芥子酶的酶解作用而产生异硫氰酸酯、噁唑烷硫酮和腈类等有害物质。这些物质可引起甲状腺肿大,从而造成动物生长速度下降,繁殖力减退。单宁妨碍蛋白质的消化,降低适口性。而芥子碱影响脂肪代谢,造成心脏脂肪蓄积及生长受到抑制。

在实际生产中常遇到各种饼类,如豆饼、棉籽饼、菜籽饼等。饼和粕都是含油籽实提取油脂后的副产品,只是加工工艺不同,饼是采用压榨法,通过高温高压挤出油脂,粕是用溶剂将油脂浸出,不采用高温高压。二者在营养方面的区别:粕类粗蛋白质含量高于饼类 2%～3%;饼类经高温高压后可部分或全部消除毒素的危害;饼类在加工过程中,温度控制不好,温度过高会使蛋白质变性,利用价值大大降低。

现在粕类生产厂家也对提取油脂后的粕类进行加热处理,使粕类的营养价值得到了进一步提高。

（三）矿物质饲料

矿物质饲料是指含矿物元素丰富的天然或化工产品，如石粉、骨粉、磷酸氢钙、食盐、硫酸铜、硫酸亚铁、亚硒酸钠等，这些饲料可以补充常规饲料中各种矿物元素的不足。

（四）添加剂饲料

添加剂饲料是指在全价饲料中用量极少而作用很大的饲料，可以起到完善饲料营养、减少营养损失、促进生长、提高饲料转化率及预防疾病的作用，是配合饲料中必不可少的成分。添加剂又分为营养性添加剂和非营养性添加剂两种。营养性添加剂有微量元素添加剂、维生素添加剂、氨基酸等；非营养性添加剂有药物添加剂、促生长剂、防腐剂、防霉剂等。

1. 微量元素添加剂　主要有铁、铜、锌、硒等的化合物，常用的多是这些元素的无机化合物，如硫酸铜、硫酸亚铁、硫酸锌、亚硒酸钠等，部分添加剂除正常的营养功能外，大剂量使用还有促生长和抗病作用，所以在饲料行业应用非常广泛。随着科学技术的进一步发展和人们认识的提高，无机化合物的一些不利因素也逐渐暴露出来，如利用率低、粪便中残留量大影响土质等。现正逐渐为用量少、效果更明显的有机化合物所替代。

2. 维生素添加剂　维生素添加剂是指人工合成的维生素或其替代品，市售维生素有单项维生素和复合维生素。复合维生素可以是全部维生素的混合物，也可以是其中的几种或与其他扩散剂混合，也有针对不同畜禽生产的维生素，使用时应根据实际情况灵活选用。部分维生素化学性质不稳定，易受外界因素影响而遭到破坏，使用时要考虑其有效期及储存方法。

3. 氨基酸添加剂　在养猪生产中使用的氨基酸主要是赖氨

酸,在以玉米为主的日粮中最易缺乏。特别是仔猪对赖氨酸的需要量非常大,可达1%以上,常规日粮往往满足不了仔猪高速生长的要求,必须补充。

4. 药物添加剂　多为人工合成药物,如土霉素、金霉素、泰乐菌素、杆菌肽锌等。药物添加剂一方面用于防治疾病的发生,另一方面有促进生长、提高饲料报酬的作用。由于各种药物都有在体内残留的缺点,发达国家已对多数药物禁用,但在我国大部分仍在使用,应注意停药期。

5. 其他添加剂　近几年,一些新的添加剂问世,并起到越来越大的作用,下面介绍主要的几种。

(1)益生素制剂　益生素是活菌制剂,使用后可增加有益菌在肠胃的数量,取代致病微生物,防止各种疾病的发生。同时,益生素还有促进仔猪生长,改善饲料转化率的作用。

(2)酸制剂　酸制剂主要是一些低分子有机酸,如甲酸、柠檬酸、丙酸等,它们可以提高胃内酸度,增强胃蛋白酶的活性,提高其消化蛋白的能力。另外,酸制剂还能促进一些有益菌的繁殖,这对消化功能不全的断奶仔猪尤为重要。

(3)酶制剂　酶制剂在仔猪断奶期间的使用很普遍,因为仔猪在由母乳变为采食植物性饲料时,消化系统尚不完善,补充酶制剂可以增强仔猪对饲料中营养成分的消化吸收。植酸酶可以把植物中不能利用的植酸磷变为可以利用的磷,减少外源磷的使用量,调节钙、磷平衡。

6. 添加剂使用注意事项　添加剂的使用可明显提高猪的生产性能,但使用时应注意以下几点。

①饲料中缺什么补什么,不能盲目乱补,造成浪费和环境污染。

②对稳定性差的如维生素类,必须注意其出厂日期和有效期限,不使用过期产品。

③部分添加剂适量添加能提高生产性能,过量使用会引起中毒,如硒、铬、砷等制剂,使用时应严格按标准剂量添加,同时必须混合均匀。

④一些药物添加剂会在猪体内残留,有害人体健康,应严格按照停药期使用。

⑤市售添加剂质量参差不齐,从正规厂家选购或经使用有效的产品,必要时进行饲养试验,以确定最佳产品。

(五)油　脂

培育猪品种对能量饲料的品质要求高,油脂除了作为高能饲料外,还是提供必需脂肪酸的主要原料,对妊娠母猪有非常重要的营养作用。

(六)配合料、浓缩料、预混料、核心料

现在养猪业对配合料、浓缩料、预混料、核心料的使用非常普遍,以下做简要介绍。

1. 核心料　核心料是饲料企业配制的特殊药品、添加剂组合,是饲料配方设计的核心,对饲料质量起决定作用,一般占全价料的 1% 以下。

2. 预混料　预混料是在核心料的基础上再加上营养性添加剂,如多种维生素、矿物元素、氨基酸等。基本上能满足除能量、蛋白质以外的所有营养需求。一般占全价饲料的 1%～10%。

3. 浓缩料　浓缩料是预混料和高蛋白质饲料的混合物,浓缩料再配以常用的能量饲料,如玉米、麸皮就成为可直接饲喂的配合饲料。一般占全价饲料的 20% 以上。

4. 配合料　又称全价饲料,由多种饲料配合而成。它是根据猪不同阶段对营养的需求,考虑到各种影响因素,能满足能量、蛋

白质、维生素、矿物质等营养的需要,直接供猪采食。

选购哪种饲料,要根据猪场的规模和饲料加工能力而定,一般大型猪场可以考虑核心料、预混料以降低成本,而小型猪场或个体户使用浓缩料或配合料更方便、实用。

(七)青绿饲料

青绿饲料是指天然水分含量在 45% 以上的多汁饲料,如青菜、青草、瓜果、树叶等。青绿饲料适口性好、易消化、含粗蛋白质饲和维生素丰富,在养猪业特别是母猪饲养中占有重要地位。应用较广的有各种青菜、人工牧草(如苜蓿、鲁梅克斯)、饲用甜菜及野草野菜、块根块茎等。

青绿饲料的利用,可以节省粮食作物,人工种植青绿饲料,其产量及质量远远高于粮食作物,性价比更高,而且青绿饲料在种植过程中通过光合作用可以消耗二氧化碳释放氧气,从而实现真正意义的低碳养猪。如鲁梅克斯鲜草的干物质含量为 5%～8%,干草中的粗蛋白质含量可达 30%～40%,每 667 米^{2}鲜草产量按 1.5 万千克算,则种植 667 米^{2}鲁梅克斯牧草可收获粗蛋白质 5%×30%×15 000＝225 千克,相当于 600 千克大豆蛋白质含量,667 米^{2}产 1.5 万千克鲁梅克斯牧草是非常容易的,而 667 米^{2}产 600 千克大豆则是不可能的。

三、学会自己配饲料

我国各地有大量的饲料资源,充分利用当地资源,可最大程度起到低碳养猪的目的。如果学会自己配饲料,就可以利用菜粕、棉粕等代替豆粕,利用小麦、稻谷等代替玉米,不但减少了运输环节的能源浪费,也可避免一些原料的危害。发霉玉米对猪的伤害是非常大的,而如果用部分小麦、稻谷等代替玉米,就可大大减轻霉菌毒素的危害,更符合猪的食物多样化生物特性。

(一)配料原则

1. 必须满足猪的营养需要 猪在不同的生理阶段对营养的需要量不同,配料时必须针对不同品种、不同阶段猪的消化生理特点,选择原料和加工方式。

2. 必须结合市场 这里说的市场一是指饲料原料市场,二是指猪的消费市场。也就是说,用廉价原料配出饲料,生产的猪肉产品也要受市场欢迎,以期获取最大的收益。

3. 必须考虑适口性 适口性的好坏影响猪的采食量,在配料时不能忽视。

4. 注意原料的选择 饲料原料因产地不同、生长期不同、水分含量及加工方法不同,其营养成分差异很大,如含水分 20% 的玉米和含水分 10% 的营养不同,黄玉米和蠕玉米营养不同,进口鱼粉和国产鱼粉有差异。所以,要有稳定的供货来源,并定期检测。

5. 合理利用现有资源 我国是一个资源丰富的国家,农作物品种及加工副产品种类繁多,许多在资料上没有介绍,这其中有许多物美廉价的原料,用作饲料可以大大降低成本。另外,我国养猪者大多都结合种地,如果结合种植或种草养猪,猪粪肥田,其收益远远高于单纯种植或养殖。

(二)配料方法

随饲料工业的快速发展,自配饲料越来越少。但从充分利用饲料资源的角度出发,学会自配饲料,对实现低碳养猪是非常必要的。

由于现在预混饲料非常普遍,我们需要考虑的只是用成品的预混饲料搭配大宗原料达到饲料全价的目的。所以,下面重点介绍利用预混饲料和大宗原料配比生产全价饲料的技术。

以 4％预混料＋玉米＋豆粕＋麸皮为例,配料方法有以下两种,一是对角线法,二是计算机法。

1. 对角线法　饲料原料为玉米、麸皮、豆粕、预混料。

预混料中维生素和矿物质配比合理,只要将能量和蛋白质按要求搭配即可,预混料的比例一般为 4％。

第一步:确定需配全价饲料的营养浓度。

查出中猪能量和蛋白需要量:能量 12.34 兆焦/千克,粗蛋白质 14％。

第二步:从营养价值表中查出玉米、麸皮、豆粕的营养含量。

玉米、豆粕、麸皮营养含量见表 4-6。

表 4-6　玉米、豆粕、麸皮营养含量

	玉　米	豆　粕	麸　皮
消化能(兆焦)	14.27	13.18	9.37
粗蛋白质(％)	8.7％	43％	15.7％

第三步:计算除去预混料后的 96％部分饲料所需能量和蛋白质。

能量:12.34％/96％＝12.85 兆焦/千克

粗蛋白质:14％/96％＝14.58％

第四步:将三种原料分成两组(两种原料有一种高于标准,一种低于标准),一组是玉米和豆粕,一组是麸皮和玉米,配出粗蛋白质为 14.58％的混合料。

方法如下:将玉米和豆粕的粗蛋白质含量放在左上和左下角,将需要配合出的粗蛋白质含量放在中间,然后对角划线相减,将结果放在对角的右下和右上(大减小)。

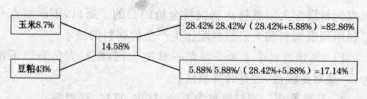

第五步：计算上两种混合料的消化能。

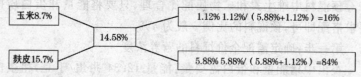

混合料 1：82.86％×14.27＋17.14％×13.18＝14.08 兆焦/千克

混合料 2：16％×14.27＋84％×9.27＝10.07 兆焦/千克

第六步：用两种混合料配出能量 12.85 兆焦/千克的混合料。

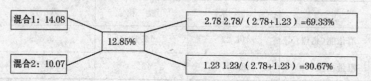

第七步：计算 3 种原料的比例。

玉米：82.86％×69.33％＋16％×30.67％＝62.35％

麸皮：84％×30.67％＝25.76％

豆粕：17.14％×69.33％＝11.88％

第八步：用 96％折算各成分比例。

玉米：62.35％×96％＝59.86％≈60％

麸皮：25.76％×96％＝24.73％≈25％

豆粕：11.88％×96％＝11.40％≈11％

第九步：验证新配饲料营养成分含量（表 4-7）。

表4-7 饲料营养成分含量

		96%折算	能量含量	能 量	粗蛋白质含量	粗蛋白质
玉 米	62%	60%	14.27	8.54	9%	5%
麸 皮	26%	25%	9.37	2.32	16%	4%
豆 粕	12%	11%	13.18	1.50	43%	5%
预混料		4%	0.00	0.00	0%	0%
合 计	100%	1.00		12.36		14%

从表4-7看出,所配日粮的能量为12.36兆焦/千克,粗蛋白质为14%,与计划的能量12.34兆焦兆焦/千克,粗蛋白质14%基本相符。这样一种全价饲料就配合完毕。

如果配合4种或以上原料,可参考上法将2种或以上原料先制成1种混合料,然后再进行配制。

2. 计算机配合法 可利用计算机饲料配方软件进行,也可利用将标准设定后,不断改变原料比例,最后找到最适宜的配方。

(三)饲料加工工艺

饲料加工是提高饲料转化率的重要途径,目前常见的加工方法有以下几种。

1. 粉碎 粉碎是把饲料原料的颗粒由大变小,增加了饲料的表面积,加大与消化酶的接触,从而提高消化率。饲料粉碎的细度和筛片孔径有关,表4-8是筛孔径大小对猪日增重和饲料转化率的影响。

表 4-8　筛孔径大小对猪生产性能的影响

筛孔径(毫米)	6.4	4.8	3.2
饲料颗粒直径(毫米)	1.16	0.92	0.71
猪平均日增重(千克)	0.8	0.82	0.89
平均日采食量(千克)	2.95	2.82	2.95
饲料转化率	3.65	3.58	3.32

从表 4-8 可以看出,饲料颗粒变小后,猪的生产性能提高。

粉碎粒度不是越细越好,粉碎过细会增加胃溃疡的发病率,增加舍内粉尘含量,容易引起猪和饲养员的呼吸道疾病。

2. 打浆　打浆是对青绿饲料的粗加工。打浆后可提高采食速度,利于与其他饲料混合均匀,可使一些适口性差的青饲料也能让猪全部采食,减少浪费。打浆可使用专用打浆机,也可使用普通粉碎机改装自制打浆机,即改换成大孔径筛底,将打锤改成刀片,加大电机瓦数,用粉碎机配套电机往往容易烧坏。

3. 混合　饲料混合是否均匀对饲料的利用率影响很大,甚至因为一些添加剂混合不均匀而出现中毒现象。最好配备混合设备,小型猪场和个体养猪户采用人工方法拌料。

(1)人工拌料

①逐步多次稀释法　这是混合品种少或微量成分时采用的一种方法,如将 100 克药品加入到 10 千克饲料中,应先将 100 克药品和 100 克饲料混合均匀,再将这 200 克混合物和 200 克饲料混合,变为 400 克,这样依次加料,直到全部混匀为止。这种方法虽然显得有些繁琐,但能保证混合均匀度。

②金字塔式拌料法　首先按原料数量的多少依次由下向上均匀堆放,形成一个金字塔式的圆堆,原料最多的在底层,最少的在顶层,然后从一边倒堆,变成一个新的圆堆。经过人工搅拌和饲料

自己的流动,一般6～8次就可搅拌均匀。这种方法简便实用,适合于原料数量大的情况下采用。

以上两种方法各有优缺点,如果结合起来使用效果最好。

(2)机械混合 选购适合产能的混合机一般有卧式和立式。工作时注意以下几项问题。

①混合时间不当 粉料员为加快生产速度,会提早将饲料放出,因时间不足会出现混合不均现象;混合时间过长也会发生分级现象,必须严格按照机械混合时间操作。

②料口积料 小型搅拌机,往往会出现料口积料现象,使这一局部与其他部分的成分有差别,如果先加入了预混料,这一部分的预混料浓度会很大,可能引起中毒。

③粉碎后易发霉 秋、冬季节玉米水分大,整粒保存不会出现问题,但粉碎后会变热,如果长时间贮存在温度高的猪舍中,很容易出现发霉现象。因此,最好现配料现粉碎。

第五章 低碳高效生猪饲养管理技术

依靠科学的饲养管理技术,可最大限度地发挥猪的生产潜能、提高生猪的生产效率、节省能源、减少污染,达到低碳养殖的目的。

一、猪的生物学特性

(一)繁殖力强、世代间隔短

一般而言,猪在 4～5 月龄即达性成熟,6～8 月龄可以初次配种,猪的妊娠期短(114 天),年内就可第一次产仔,经产母猪 1 年可产 2 胎以上。

(二)食性广、饲料转化率高

猪是杂食动物,可食饲料的种类和范围很广,很多青绿饲料、粗饲料猪都能利用,特别是我国地方品种有很强的耐粗饲能力。猪对饲料的转化率仅次于家禽,为 1∶2.5～3.5,显著高于牛羊(肉牛 1∶6～8、羊 1∶5～6)。

(三)生长期短、周转快

猪胚胎期短、同胎仔猪数多,初生重小,各系统的器官发育不充分,对外界环境抵抗力差。仔猪出生后为补偿胚胎期发育的不足,生长强度很大,出生后 2 个月内生长发育特别快,1 月龄体重可达初生重的 5～6 倍(8 千克)以上,60 日龄体重(25 千克)为初生重的 15 倍以上，直到 8 月龄以前，猪的生长仍很迅速，尤其是瘦肉型猪。以后生长逐渐缓慢，到成年时体重维持在一定的水平。猪生长期短、发育迅速、周转快等特点，对养猪生产者降低成本、提高效益十分有益。

（四）定居漫游，群体位次明显

猪在开放式饲养或散养条件下，在外自由活动或放牧活动，能顺利地回到固定的圈舍，表现出定居漫游的习性。但在圈养时又表现出一定的群居性和明显的位次秩序，这种秩序是靠争斗完成的。

（五）嗅觉、听觉灵敏，视觉不发达

猪的嗅觉十分灵敏。仔猪在生后几小时就能鉴别气味，猪能依靠嗅觉寻找地下埋藏的食物。猪不仅依靠嗅觉觅食，还探究环境。即使圈养猪，饲喂营养平衡的日粮，仍然表现拱土觅食的习性。猪还通过嗅觉识别群内的个体，在母仔联系和性行为中发挥很大作用。例如，公猪能依靠嗅觉感知 2 千米以外的发情母猪，发情母猪闻到公猪的特有气味，即使公猪不在场，有时也能出现呆立反应。

猪的听觉很完善，能鉴别出声音的强度、音调和节奏，容易对呼名、口令和其他各种声音刺激的调教养成习惯。仔猪在出生后几小时就对声音有反应，但要到 2 月龄才能分辨出不同声音刺激物，3～4 月龄时能迅速分辨声音。

由于家猪的祖先主要在夜间活动，所以其视觉不发达。家猪的视力很弱，不靠近物体就看不见东西。对光线强弱、物体形象和颜色的分辨力很差。

（六）对温度反应敏感

不同阶段的猪对温度的感受不同,小猪怕冷、大猪怕热。小猪怕冷,是因为体温调节中枢不健全,皮薄毛稀、皮下脂肪少,体热易散失;另外,小猪利用血液中的糖转化为热能的调节功能很差,所以小猪怕冷、怕潮湿。大猪怕热,是因为大猪皮下脂肪层厚、汗腺不发达、体热散失少等因素所致。所以,不同阶段采取不同施温方式。

（七）喜欢清洁,易调教

猪是爱清洁的动物,如果猪舍面积许可,猪能够将猪舍自觉地分为采食、躺卧、排泄等区域。在生产中,要合理利用猪的这一习性,做好三点定位,为保持猪舍卫生和猪群健康创造条件。利用这一习性还可更好地收集粪尿,减少污物的排放,实现低碳养猪。

二、种公猪的饲养管理

饲养种公猪的目的是使种公猪保持良好的种用体况,具有较强的配种能力,即精力充沛,性欲旺盛,能产生量多质优的精液,提高母猪受胎率,获得数量多、质量好的仔猪。通过提高优质公猪的使用效率、降低公猪的饲养量还可节约场地、节省饲料、减少排污,为低碳养殖减轻压力。

（一）种公猪的选择

1. 健康 种公猪要来自猪群健康、卫生防疫规范的猪场,防止引种时将疾病引入。

2. 种源好 其父、母性能优良,可查看系谱。

3. 个体选择 种公猪必须有雄性特征,体质紧凑,背腰稍短而深广,后躯充实,四肢强健粗大,睾丸发育良好。患有疝气、单睾和包皮积尿的公猪不宜作种用。

(二)公猪的饲养

种公猪的营养需要如下:

1. 能量 肉脂型公猪为 17.99～28.87 兆焦,瘦肉型公猪为 23.85～28.8 兆焦。种公猪饲料的能量浓度应较高,以防采食量过大形成草腹,影响配种。

2. 粗蛋白质 蛋白质对公猪的作用很大。实行季节性配种的公猪,日粮中粗蛋白质应含 15％～16％;常年配种公猪,日粮粗蛋白质可适当减少。

3. 维生素和矿物质 种公猪对维生素和矿物质的需要量不大,但缺乏维生素和矿物质也会影响种公猪的健康和配种能力。对种公猪影响较大的维生素有维生素 A、维生素 D、维生素 E、维生素 B_1 和维生素 B_2。影响较大的矿物质有钙、磷、锰、锌、硒等。

(三)公猪的管理

1. 配种环境 配种需要适宜的环境,特别是后备公猪,如果第一次交配不成功,以后会产生自卑心理,所以公猪第一次交配,最好选择性情温驯的经产母猪,交配容易成功。另外,配种需要安静场所,如果配种环境太嘈杂,公猪的精力被分散,也会影响配种效果。

2. 运动 优秀的公猪身体必须健壮,以适应高强度配种活动,因此每天对公猪进行 1 小时左右的驱赶运动是必要的。

3. 雄性锻炼 笔者认为,公猪的雄性锻炼是非常必要的,而公猪之间的争斗是增强雄性的有效手段。平时公猪彼此远离,隔一段时间后让两头公猪隔栏对峙,这样对公猪雄性的锻炼是有好处的。

4. 适宜的体况 膘情对公猪种用很重要,过胖过瘦都不利于配种,保持公猪八九成膘最为适宜。定期称重是最好的检查膘情的办法。

5. 定期检查精液品质 精液检查是公猪管理的一项重要内容,但这里要注意一些细节,有些猪场在检查精液品质时,是将公猪洒到外面的精液收集起来检查,有的是只采一部分精液检查,这些都是不正确的。因为公猪射精是分阶段的,每一阶段的精液质量不同,比如开始射出的精液大部分是副性腺分泌的液体,里面很少有精子,而最后射出的精液精子数量也很少,即使是中间阶段的精液也有质量的区别,所以必须是一头猪采精全过程的精液混匀后抽取部分化验的结果才是可靠的。

6. 温度影响 猪有大猪怕热小猪怕冷的特性,另外,睾丸是最怕热的器官,因为睾丸里的精子遇到高温会加快代谢,缩短寿命。所以,睾丸位于体外,温度低于体温 2℃～3℃,即睾丸的温度只有 35℃左右,最适宜精子保持活力。隐睾猪没有生殖能力,是因为其睾丸温度在 38℃以上,精子生命期很短,配种时提供的大部分是死精。如果外界气温超过一定程度,则睾丸散热困难,精子死亡速度加快,所以夏季配种受胎率远远低于其他季节。

猪在发病时,体温也会升高,而影响精液品质。

注射疫苗是人们往往忽略的一个细节,许多疫苗在注射后会引起猪体温的短时升高,而影响精液品质。一些猪场在给公猪注射口蹄疫疫苗时,分成两批,第一批注射疫苗半个月后检查精液品质一切正常后,再注射第二批;这样可防止同时注射疫苗时,如果出现明显的不良反应,造成大部分公猪出现精液质量下降,影响猪场正常配种工作,可以借鉴。

三、后备猪的饲养管理

猪场每年需要40%的后备猪补充,而且后备猪饲养重视程度不够,问题较多,给生产带来损失。因此,应加强后备猪的饲养管理。

(一)后备母猪常见问题

1. 后备母猪不发情　一般后备母猪多在6月龄、体重80千克左右首次发情。生产中常出现大体重尚未发情现象,甚至体重达到150千克仍未发情,使后备母猪的利用率大大降低。据统计,现在集约化猪场,后备母猪的利用率只能达到70%左右,这是一个相当大的浪费。据笔者统计,淘汰1头后备母猪的损失多达2 000元,相当于购买1头后备母猪的费用;推迟配种1天的损失(饲料加上少产猪数)可达10元以上,这是相当大的损失,更重要的是打乱了正常的配种产仔计划。

2. 初产母猪难产　稍加注意会发现,难产的母猪里边,后备母猪占相当大的比例。难产对母猪的伤害很严重,子宫内膜炎、产后无乳、死亡等,对猪场的损失是很大的。

3. 初产母猪死胎比例大　初产母猪产死胎的比例很大,特别是在每年的10月份左右,使长时间的饲养变为无效。

4. 初产母猪断奶后不发情　初产母猪断奶后不发情,而且所占比例很大,这是一个世界性的问题。短者10~15天,长者1个月以上甚至更长。

5. 初产母猪所产仔猪黄痢发生比例大　在所有发生黄痢的猪群中,初产母猪所产仔猪所占比例远大于经产母猪。仔猪出现黄痢时,伤亡非常大。

6. 母猪三四胎时因肢蹄病淘汰　母猪在利用三四胎后,出现明显的肢蹄病,不得已淘汰的现象较多。

后备或初产母猪的问题还有很多,如何处理好后备母猪,是养好猪的第一步。

(二)后备母猪问题的原因分析

1. 营养不到位 营养不到位会带来以下损失:缺乏维生素 A 和维生素 E 时,母猪发情时间会明显推迟;由于后备母猪需要的钙、磷相对较多,如果饲喂肥育猪料,会出现身体软弱,在配种时出现让公猪压倒的现象;后备猪对生物素的需要量很大,如果生物素缺乏易引起母猪的蹄裂以及脚垫裂缝和出血,我们经常见到的母猪三四胎时因肢蹄病而淘汰往往与生物素缺乏有关。

2. 身体发育不成熟 后备母猪的身体发育尚未成熟,体格小,身体储备有限;胃肠容积小,无法采食足够的饲料,产仔后奶水不足;初产母猪容易发生难产,除体格小外,外界刺激也会引起应激性难产。胆小的母猪,由于受到突然惊吓或分娩环境不安静等刺激,起卧不安,子宫不能正常收缩,引起难产。如果配种日龄提前、体重未达到规定标准,上述问题会更加明显。

3. 后备母猪抗体水平低 后备母猪没有经历过大肠杆菌感染,体内没有相关抗体,仔猪往往出现黄痢;猪瘟抗体与其他抗体同样,经产母猪抗体普遍高于初产母猪抗体,初产母猪在哺乳期时有猪瘟发生。

4. 后备猪运动不足 运动不足,尽管在青年猪表现不明显,但在产三四胎后,会出现体质变差的现象。

(三)后备猪饲养管理要点

1. 后备猪的选留及选购

(1)挑选种猪误区 引种时首先要明确以下几个观念:引种是

让它创造效益,不是去观赏;引种是让它繁殖后代,不是当商品猪去卖。以下是经常出现的挑选种猪的误区:

①后备猪是要养的而不是展览,不要认为屁股大的猪就是好的种猪。后备猪应是适应能力强,容易饲养的品种和个体。

②后备猪是用来繁殖后代,而不是当肥育猪出售,不要过分强调生长速度。繁殖性能是后备猪最重要的指标。

③后备猪应能长久使用,而不是短期行为。健壮的体质是非常重要的,没有一个好的身体,猪就不可能经受多次产仔的应激。

(2)后备猪的选择　选择好后备猪,是养猪场保持高生产水平的关键。

后备猪的选留标准:①符合本品种特征,即毛色、体型、头形、耳形要求。②生长发育正常,精神活泼,健康无病,膘情适中。③不能有遗传疾病,如乳头排列不整齐、瞎乳头等。有效乳头至少在 7 对以上,两排乳头左右对称,间距适中。遗传疾病的存在,不仅影响猪群生产性能的发挥,还给生产管理带来许多不便。④健壮的体质和四肢。四肢有病残会影响正常配种、分娩和哺乳功能。⑤具有正常的发情周期,发情征兆明显,外阴发育正常。阴门小的母猪不能选留。

(3)引种过程的保健　引种过程的保健不到位,会导致后备猪落户后出现各种病情而被淘汰,因此应引起重视。

①减少应激　引种过程包括挑选、驱赶、装车、运输,要尽量减少应激。猪到新场时,饲喂原场的饲料,以减少饲料变化的应激。

②药物预防　在猪引种过程中,进行药物预防是比较成功的方法。方法有多种,如装猪前给猪注射长效抗生素(如得米先)等,在猪饮水中添加抗应激的电解多维,装运猪前几天的饲料中添加抗菌药物和抗应激药物等。

③路途注意事项　长途运输时,要保证有饮水设施;运猪车要冬能保温,夏能防暑、防雨淋;猪栏要有足够的高度,以防猪跳出车

外;押车人员定时停车检查,将猪轰起活动,以防挤压受伤;路途中,还要防止冷风直吹,以防因长时间的冷风刺激引起风湿病;运猪前检查车厢底板有无破损及前方有无漏洞。

2. 后备猪引入后的管理 对于烈性传染病,1头异源猪可引起整群发病,所以要尽可能避免让场内的猪与其他猪有任何接触。严禁从不同场家购猪后混群饲养,后备猪引入后必须隔离驯化。隔离场与猪场保持120米以上的距离,最好是在场外隔离,检疫合格后混群。

①抗应激 加强营养、控制环境,缓解由于运输、环境及饲料变化引起的应激,正常须经1周时间。种猪经过长途运输往往会出现轻度腹泻、便秘、咳嗽、发热等症状,饲养员要勤观察,发现以上症状可在饲料中加入药物预防,如支原净和金霉素等,连喂2周,即可康复。

②投药驱虫 减少外场微生物群系的影响。需1周时间。

③疫苗接种 必须接种的疫苗有猪瘟、口蹄疫、伪狂犬病、乙脑、细小病毒病,其他视疫病流行情况而定。约需1个月的时间。

④接触驯化 新引入猪从第四周开始投喂本场老母猪粪便50克/头·日,与饲料混合饲喂,持续1个月。粪便返饲后,将新、老母猪混群,提倡大群饲养,以便驯化彻底。若不便混饲,猪栏之间应有栅栏,让新、老猪之间有鼻端的接触,以便彻底同化呼吸道的微生物群系。

3. 配种适龄 后备猪的培育直接关系到初配年龄、使用年限及终身生产成绩,规模猪场大多选用引进品种,这些品种的特点是生长快、瘦肉率高但繁殖性能较差即性成熟晚、发情征兆不明显、产仔少等,这就给配种工作增加了一定难度,后备猪的培育变得更加重要。不同品种猪配种适龄不同,长大系列品种需掌握以下几点:发情2次以上;体重达125千克以上;最好8月龄以上;背膘厚在17~20毫米。发情2次说明已达性成熟,生殖器官的发育已能满足妊娠、产仔的需要,体重达 125 千克,也符合达到成年体重40%～50%的要求。月龄把握在 8 月龄以上,是保证猪身体更加成熟。据资料介绍,背膘厚在 17～20 毫米,母猪一生的繁殖性能最佳。

4. 后备猪的发情配种特点　后备猪发情时,阴门红肿程度明显强于经产母猪。后备猪发情后排卵时间较经产猪晚,一般要晚8～12 小时,所以发情后不能马上配种,可以掌握在出现静立反射后的 8～12 小时配种,这也应了农谚:"老配早,少配晚,不老不少配中间"的说法。后备猪发情持续时间长,有时可连续三四天,为确保配种效果,建议配种次数多于经产母猪,配种 2 次以后如仍接受配种,可继续配种。

5. 促进后备母猪发情措施　生产中往往发现后备母猪发情推迟的现象,有的甚至达 12 月龄仍未发情,成为很多猪场苦恼的事情,建议采取以下措施。

(1)增加光照　长期以来人们忽视了后备猪的发情和光照有很大关系,规模猪场的大跨度猪舍及小的窗户面积使舍内光照度远远达不到刺激发情的作用。实际生产中靠近南窗的猪发情比例远高于其他位置的猪。生产中增大采光面积不太现实,可考虑增加人工光照时间,或定期舍外活动用强光刺激等是促进发情的一个可行的办法。

(2)异性刺激　据研究,母猪体重 70 千克以后每天接触公猪会很快发情,平均发情时间比不接触公猪的后备母猪提早 1 个月。现在许多猪场采用公猪从母猪栏边走过的办法,并没能有效地刺激母猪发情。这种办法对发情猪效果明显,但对未发情猪并没有太多的刺激,而且几天后绝大部分母猪都会失去兴趣。接触公猪应为近距离的身体接触、嘴对嘴的接触,所以应将公猪与后备母猪放在一个栏舍内,每天 15 分钟左右。

(3)加强运动　运动可以激活身体的各种器官也包括卵巢,许多有经验的饲养员对待不发情母猪采用倒圈、并圈、舍外驱赶运动等方式都取得了良好的效果。

(4)增加维生素、微量元素含量　饲料中添加维生素 E、维生素 A 和硒会促进发情,因维生素 E、维生素 A 在饲料加工贮存过程中易被破坏,必要时应额外添加,也可饲喂含维生素 A、维生素 E 丰富的青绿饲料、胡萝卜等。

(5)激素刺激　随激素质量的提高和使用手段的多样化,激素催情仍不失为一种有效的手段。笔者通过多次试验及业界同行的经验,认为以下几种催情手段切实可行:

① PG600:据许多猪场反映使用后(1 猪 1 头份)7 天内发情率可达 50% 以上,配种受胎率 85% 以上。

②孕马血清促性腺激素:800 单位注后 3 天,注射己烯雌酚 1 毫克。笔者试验表明全部发情配种,受胎率达 50% 以上。笔者曾单独用孕马血清促性腺激素 800 单位应用于母猪,未见发情。同时,因国产激素性能不稳定,最好用不同批次药物进行 2 次催情,以获得理想效果。

控制后备母猪发情是调整每周配种头数,保持均衡生产的有效措施。

6. 饲养管理方式　后备母猪过肥、生长过快往往会延迟发情时间,甚至体重达 150 千克仍未出现初情期,所以限制饲养已成为后备母猪饲养的一致做法,但在实际操作中常出现过分限制饲养,也同样出现初情期推迟。

后备母猪的饲养目标:8 月龄体重达到 125～135 千克并出现初次发情(大批饲养时应达到 50% 发情),可采用以下方式:①5月龄以前自由采食,体重达 90 千克左右。②5～6.5 月龄限制饲养,饲喂含矿物质、维生素丰富的后备猪饲料,绝对不能再用肥育猪饲料。日给料 2 千克,日增重 500 克左右。③6.5～7.5 月龄加大喂量(2.5~3千克/日·头),促进体重快速增长及发情。④7.5月龄以上,视体况及发情表现调整饲喂量,保持母猪八九成膘。后备猪膘情见图5-1。

管理要点:与成年猪分圈饲养,妊娠前、中期饲喂量比成年猪多0.2千克/日;妊娠后期加料不可过多,以防胎儿过大造成难产。

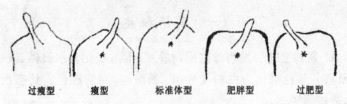

母猪体况及自测评分标准(U.S.)

过瘦型　　瘦型　　标准体型　　肥胖型　　过肥型

图5-1　后备猪膘情

（四）后备猪的营养需要

后备猪由于采用限制饲养,所能吸收的营养低于自由采食,但必须满足繁殖及身体发育所需的营养,不能缺乏维生素A、维生素E、钙、磷等。后备猪必须使用后备母猪专用饲料。

后备猪饲料中维生素E含量大于44单位、维生素A含量大于4 000单位。

足够量的生物素可以防止蹄裂。

饲料中钙含量大于0.85%以上,同时增加磷和维生素D的供应。

后备母猪对蛋氨酸、胆碱、淀粉和糖的需要量大,对油脂的需要量小等。

四、发情鉴定与配种时机的掌握

利用引进品种杂交改良已改变了本地品种的发情模式,拱圈、跳圈、不吃料的现象并不是发情的典型表现,给发情诊断及配种时机的掌握带来相当大的难度,必须细致地观察和分析总结。

(一)发情征兆

1. 阴门变化 发情母猪阴门肿胀,形态变化为水铃铛、红桃、紫桑葚。颜色变化为白粉变粉红,到深红,到紫红色。状态由肿胀、微缩到皱缩。

2. 阴门内液体 发情后,母猪阴门内常流出一些黏液,初期似尿,清亮;盛期颜色加深为乳样浅白色,有一定黏度;后期为黏稠略带黄色,似小孩鼻涕样。

3. 外观 活动频繁,特别是其他猪睡觉时该猪仍站立或走动,不安定,喜欢接近人。

4. 对公猪反应 发情母猪对公猪敏感,公猪接近、叫声、气味都会引起母猪出现眼发呆、尾翘起、颤抖、头向前倾、颈伸直、耳竖起(直耳品种);推之不动,喜欢接近公猪;性欲高时会主动爬跨其他母猪或公猪,引起其他猪惊叫。

(二)观察发情的最佳时机

通过长期实践,笔者总结出观察发情的 3 个最佳时机:①吃料时母猪头向食槽,尾向后,排列整齐。此时检查发情,简便准确。②睡觉时不发情的猪很安定,敞卧姿势舒适,对人、猪反应迟钝;发情猪在有异常声音,人或猪走近时会站起,或干脆不睡经常活动。此时也可方便地找出发情中的猪。③配种时公猪会发出很多求偶信息,如声音、气味等,发情母猪会出现敏感反应,甚至爬跨其他母猪,很容易区别于不发情猪。

把握好上述 3 个时机,一般都能准确判断出母猪是否发情或发情程度。

(三)配种时机的掌握

母猪发情开始后的 24～36 小时才开始排卵,排卵持续时间 10～15 小时,公猪射出的精子在母猪生殖道内要经过 2～3 个小时才能到达输卵管与卵子结合。精子在母猪生殖道内一般能保持 10～20 个小时的受精能力,卵子能保持受精能力为 8～10 个小时。所以,母猪在发情开始后的 19～30 小时配种最适宜。过早配种,卵子还未排出,等待卵子排出,精子已经失去受精能力;如过迟配种,卵子早已排出,待精子到达时,卵子失去受精能力,也不会受胎。

符合以下 3 条中的 1 条即可配种。

1. 阴户变化　我国繁殖工作者总结了配种谚语:"粉红早,黑紫迟,老红最当时",是配种时机把握的依据。我们掌握的尺度为,颜色粉红、水肿时尚早,紫红色、皱缩特别明显时已过时,最佳配种时机为深红色,水肿稍消退,有稍微皱褶时。

2. 阴门黏液　掰开阴门,用手蘸取黏液,无黏度时太早,有黏度且呈浅白色可及时配种,黏液变为黄白色,黏稠时,已过了最佳配种时机,多数母猪会拒绝配种。

3. 静立反射　静立反射表示母猪接受公猪的程度,配种适期按压母猪的几个敏感部位,母猪会出现静立不动现象(与接受配种时状态相同),但并不是出现静立反射就适合配种。单纯地不管有无公猪刺激,机械地以静立反射判定发情时期往往会漏过部分适配母猪的配种。

出现上述征兆之一的母猪就要用公猪试情,特别是对隐性发情的猪,只能凭公猪接触,才能确定配种与否。

(四)配种方式与次数

1. 配种方式 配种方式有单次配、重复配和多重配等。有许多资料表明,重复配要优于单次配,双重配或多重配更优于重复配。

2. 配种次数与间隔 由于母猪排卵持续时间长(为 6 小时左右),母猪外观发情与排卵并非完全一致,再加上生产中配种一般有固定时间,所以每一次配种不一定都有很高的受胎率。在做到严格消毒的前提下,增加配种次数有利于增加受胎率。所以,建议采用 3 次配种方式:上午—下午—上午,上午—上午—下午,下午—上午—下午。如第一次配种时稍早,则可间隔 24 小时再配,如配种时已到发情盛期,则可间隔 8～12 小时再配。

有经验的配种员可凭经验处理,以达到最佳配种效果。

五、妊娠母猪的饲养管理

在养猪生产上,仔猪的出生显得格外重要,俗话说:"初生差一两,断奶差一斤,出栏差十斤",提高初生仔猪的质量需抓好妊娠母猪的饲养管理。

(一)妊娠母猪饲养管理衡量标准

妊娠母猪饲养管理可以用初生仔猪的 3 个指标来衡量:

1. 出生数量 正常情况下,目前普遍饲养的长白、大白系列品种,每胎总产仔数在 11 头左右,活仔猪 10 头左右为正常范围,生产管理好的猪场可达到活仔猪 11 头以上。

2. 初生重量 正常仔猪初生重为 1.3～1.5 千克,低于 1 千克的仔猪属于弱仔,成活率低。据研究报告,在正常护理的情况下,初生重小于 1 千克的仔猪在哺乳期的死亡率高达 40%,体重在 1.3~1.5 千克的仔猪死亡率仅为 5%~8%。

3. 初生活力　初生仔猪的活力,可以按仔猪出生后自发寻找母猪乳头来衡量,据资料介绍,如果一头仔猪出生后在 6 分钟内能找到母猪乳头并顺利吃上初乳,就说明这头仔猪的活力足够强。

(二)影响初生仔猪的因素

1. 出生数少的原因

(1)未产仔猪　也就是母猪没有妊娠或妊娠期间因不良刺激引起化胎、流产或死胎。原因有以下几个:一是母猪不发情。二是公猪精液质量差。三是配种时机不适。四是受精卵前期死亡被吸收:一般情况下,母猪妊娠前 50 天内死亡的胎儿多会被母猪子宫吸收,到产仔时不会有任何痕迹,如果胎儿全部死亡被吸收,也就出现了母猪在配后长时间不返情的现象。五是母猪产道有炎症,很难受胎或受胎后因子宫环境不适导致受精卵死亡。六是流产,如饲喂发霉饲料、使用药物不当、各种繁殖类疾病感染(细小病毒、乙脑、伪狂犬病、蓝耳病等)和强烈的应激等都会造成。

(2)出生数量少　原因有:一是配种时机不适,使受精卵子数量很少。二是前中期死亡。妊娠前中期一些胚胎死亡被母猪吸收。有资料报道,如果受精卵数量低于 3 个的话,母猪是不会出现妊娠反应的。据介绍,母猪第一个胚胎死亡高峰是受精卵附植初期,即配种后 9~16 天,占胚胎死亡的 40%~50%;第二个死亡高峰是配种后第三周,占 30%~40%。合计占胚胎死亡的 80% 以上。

2. 出生健仔少的原因　猪场繁殖要数量、更要质量,健仔率对生产更有意义。健仔数少的原因有以下几个。

(1)营养不良　母猪营养不良会造成胎儿死亡或活力不强。尽管母猪可以动用体内储备来为胎儿提供营养,但有些营养是无法由母猪转化的,如母体不能合成的维生素、微量元素及亚油酸等。维生素 A 是妊娠母猪上皮组织维护和发育以及特殊子宫蛋白质分泌所必需的。缺乏维生素 A 不仅使 RNA(核糖核酸)的代谢和转铁蛋白的合成不正常,还可能导致胚胎死亡或被吸收。配种后前 4 周内胚胎存活率与血液中的孕酮水平呈正相关,而维生素 A 缺乏则降低铁的吸收和血清中孕酮水平,从而使胚胎的死亡率上升;同时,维生素 A 缺乏会使胚胎直径的变异性增加,降低了胚胎大小的整齐度和发育的同步性,促进胚胎死亡。维生素 E 是存在于所有细胞膜和细胞壁中的高效生物抗氧化剂。高剂量维生素 E 不仅可提高机体应激前后的免疫功能,而且是妊娠母猪胚胎发育所必需的,缺乏维生素 E 会导致繁殖功能紊乱,使母猪胎盘及胚胎血管受损,引起胚胎死亡。富含亚油酸的脂肪源可降低胰岛素的水平,保护胚胎发育,提高仔猪初生重,缺乏亚油酸会明显降低仔猪的初生重和初生活力。

(2)饲喂程序不合理　母猪妊娠期的饲喂程序对初生重和活力有很大影响,配种后前 3 天饲喂大量能量饲料,会因代谢过旺引起受精卵死亡;妊娠前中期喂量过大,会出现母猪过肥,胎儿大小不均;胎儿 2/3 以上的重量是在妊娠最后 30 天增长的,此阶段如果营养不足,会明显降低仔猪初生重。

(3)高温高湿　高温时母猪采食量减少。由于饲料配方没变,所吸收的营养相对减少,而其中影响较大的不是能量和蛋白质,而是对繁殖作用很大的维生素和微量元素,特别是维生素 A 和维生素 E。

高温时饲料中(包括预混料和大原料)维生素的破坏加快,加重了猪维生素的不足。

高温时猪因对抗热应激,需要更高含量的维生素维持其生理需要。

高温时,母猪会通过增加呼吸、增强外周血液循环,相应的对内部特别是生殖系统血液循环作用减弱,造成胚胎供血不足;同时,母猪体温相对升高,胎儿在较高温度下,代谢增强,对营养的需要量更大。以上多种因素造成胎儿营养不良,活力减弱。

(4)机械性伤害 主要出现在母猪妊娠后期,如圈舍密度大,母猪相互拥挤;转群时路面光滑,母猪滑倒;饲养员粗暴地对待母猪;母猪上床时产床过高而没有台阶;在妊娠圈被返情母猪爬跨等,都可能造成部分胎儿死亡或变弱。

(5)疾病感染或中毒 在妊娠期间出现疾病,也会造成死胎和弱仔比例增加。如蓝耳病和伪狂犬病可明显增加死胎和弱仔比例;细小病毒则会在一胎中出现大小不均的木乃伊;而在妊娠后期大剂量使用砷制剂,也会使产期推迟,死胎、弱仔比例增加。

(三)妊娠母猪饲养管理要点

1. 妊娠期间的几个关键时期

(1)配种后 3 天 这是受精卵细胞开始高速分化时期,高能量饲料的供应将增加受精卵的死亡数。

(2)胚胎附植前后(12~24 天) 在此期高营养浓度、高温天气、强烈应激因素,都会增加受精卵死亡。

(3)配种后 70~100 天 乳腺细胞大量增生时期,该阶段高能量饲料会影响乳腺细胞发育。

(4)配种后 100 天以上 100 天以前,胎儿因营养不足造成的死亡很少,但在 100 天以后,如营养供应不足,则会造成胎儿生长不良,母猪产仔无力,出现大批死胎,此阶段必须供给充足的饲料,以促成仔猪的尽快发育,对一些瘦弱母猪可采取自由采食。

2. 妊娠母猪的营养需要特点

(1)提供充足的亚油酸 亚油酸是提高仔猪初生重和初生活力的重要因子,妊娠母猪饲料中应含有 2.5% 以上的亚油酸。植物油中含亚油酸丰富,其中大豆油最为理想。

（2）不需要过高的能量和蛋白质　妊娠期间母猪的食欲和消化吸收能力非常强，而增加仔猪初生重主要集中在妊娠后期很短时间内，营养水平高只会导致母猪过肥，对胎儿不利，所以妊娠期间必须限制饲喂。对妊娠后期母猪增加饲料喂量来满足需要，因为过早饲喂高营养浓度饲料，会降低母猪产后对高营养饲料的利用率。

（3）需要粗纤维　粗纤维起饱腹作用。如果粗纤维含量少、喂量少，将引起母猪的饥饿，长时间的饥饿可导致母猪便秘，特别是妊娠后期便秘将影响到胎儿的发育，增加死胎和难产以及产后无乳症的概率。另外，大量的粗纤维还可以增加胃肠容积，增强母猪消化能力，为产仔后提高采食量、增加泌乳量创造条件。妊娠母猪饲料粗纤维含量9％较适宜。

（4）妊娠　70日龄左右是乳腺开始发育时期，这时如果提供高能量饲料，会出现脂肪颗粒填充乳腺现象，抑制乳腺泡的发育，影响产后泌乳性能。

3. 妊娠母猪饲养方案　在正常体况下，150千克体重妊娠母猪可采用的饲养方案见表5-1。

表5-1　150千克体重妊娠母猪参考饲养方案

时　期	饲喂饲料	饲喂量
配种后3天	妊娠母猪料	1.5～2千克
4～28天	妊娠母猪料	2～2.2千克
29～84天	妊娠母猪料	2.2～2.5千克
85～99天	后期妊娠母猪料（加油脂）	2.5～3千克
100～112天	后期妊娠母猪料（加油脂）	3.5～4千克
113天至分娩	哺乳母猪料	1～3千克

4. 妊娠母猪饲养方式及改进　妊娠母猪主流饲养方式有两种,即定位栏饲养和小群圈养,两种饲养方式各有优缺点。还有智能化饲喂系统,是近年发展起来的崭新的饲养方式,更符合福利养猪、低碳养猪的要求。

(1)定位栏饲养

①优点　能根据猪体况、生长阶段合理供给日粮,既能有效地保证胎儿生长发育,又能节省饲料,降低成本。

②缺点　由于缺乏运动,会出现死胎率大,难产率高,母猪使用年限缩短等。

(2)小群圈养

①优点　由于便于活动,死胎率和难产率低,母猪使用年限长。

②缺点　无法精确控制每头猪的采食量,从而出现肥瘦不均,为保证瘦弱猪有足够的采食量,不影响正常妊娠,只好加大群体喂料量,造成饲料浪费,增加饲料成本。由于拥挤、争食及返情猪爬跨等,易出现后期母猪流产。

(3)对传统母猪饲养方式的改进

第一,前中期小群圈养,后期定位栏饲养。在后期根据体况调整营养水平,仍难纠正前中期采食不均的问题。

第二,后期定位栏只对体况过肥或过瘦的猪采用,其他仍按小群圈养方式,可节省部分定位栏的建造费用。但调群会造成猪栏利用率降低或并栏时打斗等危害。

第三,妊娠全期采用隔天饲喂方式,将2天的饲料一次性喂给母猪,让其自由采食,直到吃完为止,这一方法经试验验证是可行的,生产效果与定位栏相近。采用这一方案应保证足够的槽位,防止加料时互相拥挤引起流产。

第四,增加饲料中非营养物质,如粗纤维含量。这一方法不足之处是,不能彻底解决母猪肥胖,因为部分猪的采食量会逐渐增加。

以上各饲养方案可根据具体情况灵活掌握。

(4)母猪智能化饲喂系统　主要包括母猪智能化精确饲喂系统、母猪智能化分离系统与母猪智能化发情鉴定系统。智能化精确饲喂系统具有以下优点:

①自动化操作、自动化管理

自动供料:整个系统采用贮料塔、自动下料、自动识别的自动饲喂装置,实现了完全的自动供料。

自动管理:通过中心控制计算机系统的设定,实现了发情鉴定、舍内温度、湿度、通风、采光、卷帘等的全自动管理。

数据自动传输:所有生产数据都可以实时传输显示在养猪场管理人员手机内。

自动报警:场内配备有计算机控制的自动报警系统,出现任何问题计算机都会自动报警,发出相关信息。

②生产效率高

管理人员的工作效率高:对于一个母猪规模为750头的猪场,只需要2个人管理。管理人员的工作较轻松,平均每天进场时间不超过1小时,进场后的工作主要是进行配种、转群、观察、处理等必须由人来完成的操作。

母猪的繁殖生产效率高:通过运用智能化精确饲喂系统,可以使母猪群体获得优秀的繁殖成绩。在采用26~28天断奶的生产模式下,平均年产胎次可以增加到2.4胎,平均胎产活仔猪数可以达到12.32头,母猪的平均年产断奶仔猪数(母猪年生产力)可以达到26.83头,全群平均返情率仅为7.4%,母猪利用年限平均提高1.5年。以商品猪场为例,我国一个万头猪场的基础母猪数大约为650头,使用自动母猪饲喂系统以后,只需养400头母猪就能满足年产万头商品猪的生产目标,即母猪存栏数减少41%。这无疑大大节省了设备投资、降低了饲料投入、节约了生产成本,由于母猪数量的减少粪污的排放也会明显降低,从而可实现低碳养猪目标。

养殖的综合经济效率高:通过高度自动化管理,实现了对群养母猪的个体化管理,避免了人为因素的影响,使得养殖的整体经济效益大幅度提高。依据欧洲的平均生产水平计算,使用母猪智能化精确饲喂系统的猪场,平均每头商品猪可以实现50~120欧元的盈利。

③实现了生产数据管理的高度智能化 智能化精确饲喂系统可以自动完成对每一头母猪体重的监控并通过制图的形式加以反映,为管理者提供最精确的数据。另外,对于群体各阶段的生产数据,系统还可以通过中心控制计算机进行分析并制成各种生产报表,为管理者提供群体的数据参考。

④降低防疫风险 从防疫角度看,智能化饲喂系统可以减少饲料在运输和饲喂过程中的污染,减少人员进入猪舍的次数,从而可减少疾病的传播。同时,由于母猪存栏数可减少41%,无疑大大降低了全群暴发疾病的风险。智能化精确饲喂系统可以有效地控制猪的日粮,有利于实现饲养管理的规范化、科学化。

六、哺乳期饲养管理

哺乳期饲养目的:提高断奶仔猪的数量,也就是哺乳仔猪成活率;提高断奶仔猪体重,断奶体重大的仔猪生命力强;提高断奶猪的均匀度。

(一)影响断奶成绩的主要原因

1. 影响断奶仔猪数量的主要原因 饲养管理不当引起的压死、冻死、饿死;疾病死亡是仔猪死亡的最主要原因,如黄白痢、链球菌病、仔猪渗出生皮炎、呼吸道疾病等。

2. 影响仔猪断奶重原因

(1)营养不良 乳猪阶段营养不良,和母猪的关系更大,而和补料质量关系不是很大。据测定,仔猪 28 天断奶时,一般仔猪只能采食 200～300 克饲料,对断奶重的影响是很小的,主要是受母猪泌乳的影响。

影响母猪奶水的因素主要有以下几个:乳腺发育不良,母猪身体发育不成熟,母猪产后患病,哺乳母猪饲料质量差,妊娠期饲养过肥或过瘦。

母猪泌乳量小直接影响仔猪断奶体重,如果 21 天断奶时体重低于 5 千克,或者 28 天断奶时仔猪平均体重低于 7 千克,而又没有出现明显的疾病时,可以从上面各项原因中查找。

(2)消化道受损 指消化道出现消化功能障碍,如小肠绒毛变短、消化液分泌不足等。主要是在哺乳期间出现腹泻等消化道疾病,俗话说:"腹泻一天,三天不长"。

引起仔猪腹泻的原因主要有以下几点:温度过低或温度变化大,湿度过大,环境卫生差,奶水质量差,疾病等。

(二)产房管理要点

1. 母猪上床前后的管理

(1)产房的准备 产房彻底清理、消毒,并使猪舍通风干燥。具体操作要点如下:

①清 将产房内粪便、污物全部清理出去。一些可以拆卸的设施也要取下,便于冲洗消毒。卸开每块漏缝地板,将粪污物清理干净。

②冲 用水冲洗墙壁、设备,尤其是网床下面、饮水器、水泥保温箱与网床的接触处、食槽、电热板和烤灯。这些地方与仔猪接触机会比较多,又容易被人忽视。

③消 多数猪场产房消毒比较彻底,但要重点注意饮水器、保

温箱垫板的消毒。饮水器最好卸下,泡在消毒液中消毒,效果会更好。保温箱垫板一般都是木板拼凑而成,木板之间的缝隙会有许多难以清理出去的脏物,将冲洗后的木板放在5%火碱水中浸泡2小时以上,可以将所有的病原菌杀死。

④熏　消毒后的猪舍需再用甲醛或百毒杀熏蒸,不论是喷雾消毒还是火焰消毒都不会将缝隙内病原菌杀死,而熏蒸可以弥补这个缺陷。熏蒸时注意舍内要有足够的湿度和温度,而且要封闭严密,特别注意顶棚和下水道的封堵。

⑤空　空舍2周,使舍内冲洗消毒所产生的水气排出,达到产房干燥。

(2)饲料的准备　准备哺乳母猪料,母猪上床后将原来的妊娠料过渡成哺乳料。为防止产后感染,在饲料中添加抗生素。

(3)检查核实　主要项目有:初产母猪猪瘟抗体、配种产仔记录、母猪的发病记录等。

(4)上床前母猪的冲洗消毒　母猪从妊娠舍转入产仔舍时要对母猪进行彻底的冲洗,上床后对母猪和产床再进行1次喷雾消毒,这样通过母猪带病的可能性就小了许多。注意冲洗的水温必须根据当地气温,因冲洗造成感冒就得不偿失了。

(5)上床后的例行检查　在上床后每天定期检查母猪粪便、乳房、采食情况,发现异常情况及时治疗。

2. 接产及产前3天的管理

(1)接产程序　正常接产程序,接产人员或饲养员都能掌握,但一些人在工作时却容易大意,如仔猪吃奶前没有对母猪阴部和乳房清洗消毒,没有挤去几把初乳,或消毒清洗时流于形式,不能起到真正的消毒效果。

①母猪临产症状征候　母猪临产时多起卧不安。如果母猪前面的乳头能挤出乳汁,约在24小时产仔;中间乳头能挤出乳汁,约在12小时产仔;最后1对乳头能挤出乳汁,应在4小时左

右产仔。而当最后 1 对乳头能挤出喷射状奶水时,要始终有人看守、护理。

吃奶前先挤去几把奶水。这一工作可在用消毒药水擦洗乳头时进行。

②接产顺序　掏出口鼻黏液→擦干身上黏液→剪牙→断脐并消毒→断尾并消毒→灌服防泻药物→称体重→作记号或打耳号→放入保温箱→擦洗母猪乳房→吃初乳→固定奶头

接产操作:首先用毛巾或抹布将胎儿口鼻黏液擦去,以防仔猪吸入气管或肺部。将身上黏液擦干,减少体温丧失。

剪牙:将仔猪犬牙靠根部 1/3 处剪断,利于以后管理。

断脐:先将脐带内的血液向仔猪腹部方向挤压,然后在靠近脐带根部 4～5 厘米处剪(搓)断,断端用碘酊消毒。掐断、擦断、剪断是有区别的,掐断和剪断一般需要用绳结扎,而搓断不用。

③难产处理　出现难产多采用注射催产素种人工助产两种方法,接产员在尚未出现难产时就注射催产素或助产,这种为保仔猪而损失大猪的办法不可取。采用催产素还是人工助产应根据具体情况而定,一般年龄大、体格瘦弱的母猪在分娩后期出现努责无力,可注射催产素;长时间努责却产不出猪则可能是胎儿过大或两仔猪挤在一起或胎位不正,应采取人工助产的方法。人工助产对母猪十分不利,很容易造成产道感染,必须做好手臂及用具消毒。

是否人工助产,要看母猪的情况,如果母猪很平静,且没有努责,可以静等;如果母猪努责很强烈,且长时间产不出仔猪,母猪呼吸急促,则要考虑人工助产。

(2)产前产后的营养供应　产仔是母猪最大的应激,能量大量消耗,抗病力下降,肠胃蠕动迟缓,却要负担恢复体力与产奶的双重任务,人们把精力都集中在仔猪护理上,很少考虑大猪,造成母猪体况下降、泌乳力下降、产后不发情。

①供给高能量高蛋白质饲料　考虑到产后母猪消化功能下

降,往往少喂或不喂饲料,这样只能使其更加虚弱,不利于身体恢复和以后的产奶。针对这一情况,我们可以在哺乳料中加入10%葡萄糖、5%优质鱼粉和抗菌药物,以补充分娩过程中营养的大量消耗,预防产后感染。

②少量多次饲喂 少量多次饲喂可减轻消化道负担,必要时可把不愿站立的猪轰起,促其采食。

有条件的猪场如能给母猪提供一些米汤或稀饭,对母猪产后恢复有利。

3. 哺乳母猪的管理

(1)饲喂方式的选择 哺乳母猪采用哪种饲喂方式众说不一,共同之处是产后前几天逐渐增加喂量,7天后尽可能多地让猪采食。使用湿拌料分多次给料要优于干粉料自由采食。湿拌料适口性优于干粉料,可刺激猪采食,便于掌握猪采食情况,这一点在夏季体现得更为明显。同时,定时饲喂也便于粪便清理,有利于保持卫生,防止各种疾病。

(2)母猪喂料量计算 生产中,关于母猪喂料量的计算,有许多不同的形式,有的在每天2千克的基础上每增1头仔猪加喂饲料0.5千克;有的在2.5千克的基础上1头仔猪增加0.25千克,这样的说法太模糊。表5-2是我们通过计算制定的不同体重、不同带仔母猪的饲喂参考量,由于母猪胎次对采食量也有一定的影响,实际喂料量还需场内技术人员根据本场情况灵活调整。

(3)增加母猪采食量措施 母猪乳汁是由饲料营养或消耗自身体组织提供的,消耗体组织不但使饲料转化率降低(二次转化),而且过度的体组织消耗将影响断奶后的发情配种,所以最理想的措施是让母猪多吃料。以下几种情况会影响母猪的采食量:①外界温度,如超过25℃,母猪的采食量会下降。②饲喂次数,饲喂3~4次的采食量要比饲喂1~2次高。③饲料质量,全价饲料要比不平衡饲料采食量大。④饲料适口性,如在母猪料中添加一些带苦味的抗生素,母猪的采食量会明显下降。⑤母猪年龄,初产母猪采食量要低于经产母猪。⑥母猪体重,体重大的采食量高于体重小的母猪。

提高母猪采食量要从以上环节着手,除不能改变的因素外,可以增加饲喂次数、降低舍内温度、改变饲料适口性等。夏季炎热气候,晚上加喂是增加采食量的最好办法。据笔者的体会,少量多次湿拌料效果比自由采食干粉料更能让母猪多吃。

表5-2　哺乳母猪的喂料量参考　（千克/日）

体重（千克）	带仔数＼能量	6	7	8	9	10	11	12	13	14
100	3200	3.29	3.69	4.09	4.49	4.89	5.29	5.69	6.09	6.49
150	3200	3.6	4	4.4	4.8	5.2	5.6	6	6.4	6.8
200	3200	3.9	4.3	4.7	5.1	5.5	5.9	6.3	6.7	7.1
250	3200	4.17	4.57	4.97	5.37	5.77	6.17	6.57	6.97	7.37
300	3200	4.43	4.83	5.23	5.63	6.03	6.43	6.83	7.23	7.63

注:上表中,以每增1头仔猪日增能量1250大卡计算。饲料可消化的能量蛋白比为25:1。

(4)每头猪制定采食标准　采用母猪挂牌喂料的办法可以精确饲喂。方法是在每头母猪上方挂一个特制牌,上面标好喂料量,每天饲养员根据母猪日龄、体重及带仔数计算母猪喂料量,每天只需做1次调整即可,有的需要几天调整1次。这个工作的好处是对每一头猪都能照顾到,而且每个饲养员都能看得到、做得到。

(5)提供适宜环境　母猪哺乳期最适温度为20℃～22℃,生产中,许多饲养员为保证仔猪温度,往往提高舍内温度,甚至高达27℃以上,高温的结果是降低了母猪的采食量,产奶量减少,部分母猪出现喘气急促现象,还会使仔猪不愿回保温箱,出现腹泻等症状。大猪与仔猪所需温度不同,要区别对待。

4. 哺乳期仔猪饲养管理　提供个体均匀、断奶体重大、生命力强的仔猪是哺乳期仔猪饲养的主要目标。断奶整齐度差为以后的培育、肥育带来不便,影响猪群正常周转及均衡生产。

(1)及早吃上初乳　仔猪生后体内储备能量有限,如在短期内不能补充,就会出现低血糖现象。同时,初乳中含有免疫球蛋白,可以抵抗各种病原的侵袭。所以,建议应尽快使仔猪吃上初乳,不必等产完再让其吃奶。为防止记不清可用记号笔将吃过初乳的仔猪做上记号,如有可能记住其吃哪个乳头的奶水更好。

母猪通过乳汁、尤其是初乳将抗体传给胎儿,必须通过乳汁传递。如果仔猪出生后吃不到足够的初乳,抗病能力很低,一般不易成活。免疫抗体是一种大分子球蛋白,猪的胚胎构造复杂,在母猪血管和胎儿脐带血管之间被 6～7 层组织隔开(人只有 3 层)即胎盘屏障,胎盘屏障在保护仔猪免受许多病原侵袭的同时,也限制了母源抗体通过血液向胎儿转移。

笔者曾试用牛奶或奶粉喂仔猪,前 3 天吃足初乳的小猪多能成活,而未吃足初乳的仔猪,大多数不能成活或成为僵猪。所以,无论寄养还是并窝,必须保证每头仔猪都能吃到足够的初乳。

(2)固定奶头　固定奶头太过繁琐、工作量大、时间长。仔猪1 昼夜吃奶 20 多次,需昼夜值班才能固定好乳头。没有专业接产人员的猪场,很难办到。

下面的方法可以试一试:①定时放仔猪哺乳,平时把仔猪捉进保温箱中,定时放出哺乳。②用一挡板将强、弱仔猪分开。③先让弱小猪哺乳,使其有更多的吃奶时间。④用记号笔记录每个仔猪的吃奶位置。这样做尽管繁琐,但每窝小猪只需 2 天时间就可固定乳头。

(3)补料、补水、补铁　仔猪出生后生长速度快,容易出现铁、硒、葡萄糖等的缺乏。补铁、硒多采用肌内注射方法,可在产后 3 天内注射铁硒合剂,在 15 日龄再补 1 次。

小猪补料是养好哺乳仔猪的一个关键措施,既可补充营养,更重要的是可以锻炼仔猪的消化功能,为顺利断奶打好基础。但在生产中执行得并不理想,有饲养人员重视不够的因素,也有方法不当原因。比如,一个猪场规定 7 天补料,饲养员例行差事地安装好补料槽并在槽里放些饲料,但过了几天,槽里的料一点没动,但质量已变。所以,掌握补料的方法是很重要的。以下是比较实用的几种方法供参考:

①填鸭法 仔猪 7 日龄时,由饲养员将仔猪捉出,强制向仔猪嘴里填料,每天 3~4 次,连续 3 天,直到仔猪对补料感兴趣为止。仔猪一旦对补料味道熟悉了,就会产生条件反射,闻到补料味道就会走过去,这样训练就成功了。

②日久生情法 在仔猪出入保温箱的必经之路上放个浅盘(不能高于 5 厘米),仔猪每次经过时会受到补料气味的刺激,逐渐引起兴趣,时间稍长会出现采食举动。

③诱导法 在补料盘上放一些鹅卵石或圆球,上面附一些糊状料或粉料,仔猪在滚动石块或圆球时,无意中将盘中料吃到嘴里;另一方法是在盘的上方吊一塑料瓶,仔猪路过时会碰头,这样也能引起仔猪的兴趣,起到引诱仔猪吃料的目的。补料槽的位置绝不能放在仔猪很少去的地方。不能引起仔猪的好奇心,是许多猪场犯的一个错误。

(4)妥善处理初生弱仔 初生弱小的仔猪在正常情况下很难在断奶时达到初生健仔同样的体重,但在有精力的情况下可重点培养,这样会尽可能缩小断奶时的体重差距,方法如下:①固定乳头。让弱仔吃上乳汁多的乳头。②并窝。将几窝中弱小的仔猪集中在一窝,让一头产奶多的母猪哺乳。③分开喂奶。让它们比健壮仔猪多吃几次初乳。④人工补奶。由人工挤出母猪奶,通过奶瓶或胃管饲喂,使之吃到相对多的奶。如将上述几个办法结合起来效果更好。

(5)如何饲养无乳仔猪　实际生产中,有时会出现产后母猪无乳或母猪死亡的情况,或早产仔猪无法吃上母猪的初乳,造成营养得不到及时补充,抗病力弱,往往不易成活。采用以下办法,可以避免无乳仔猪的大面积死亡:初乳冷冻贮藏,将产奶量大或带仔数少的母猪初乳挤出,分成 25 毫升的小包装,放在冰柜中冷冻保存。对无乳的仔猪,每天 400~500 毫升,分 10~20 次,用奶瓶或胃管饲喂初乳,2 天后改用人工乳(牛奶或奶粉等配制)。热初乳时解冻要缓慢,不可用 60℃以上热水解冻,以免破坏免疫球蛋白。尽可能早地让仔猪吃上高档乳猪料,这样饲喂可能生长速度较慢,但对后期生长影响不大。

(6)母猪血清制备及胃管饲喂　遇到既没有临产母猪也没有贮存的母猪初乳时,可以将本场母猪血清结合奶粉或牛奶喂初生仔猪,由于母猪血清中也含有一定量的免疫球蛋白,可以使仔猪获得母源抗体,顺利活下去。需要注意:母猪必须是健康母猪;血清应经过严格的消毒处理;另外,口服血清比注射效果好。

①母猪血清的制备　采血要无菌操作。将母猪仰卧固定,局部消毒后,在颈部靠近气管的一侧切开皮肤将皮下组织与肌肉做钝性分离,以手指沿气管处摸到强烈搏动的颈动脉,轻轻用手指钩出并小心将其与颈静脉和迷走神经分开,剥离动脉外结缔组织,两端用止血钳夹住,用 5%碘酊消毒动脉外壁,以手术刀做一纵向切口,将连有消毒橡皮管的玻璃导管插入动脉腔并用线结扎固定,将橡皮管的另一端插入消毒的采血缸内,打开近血端的止血钳让血液流入缸内。每头猪采血 3 000~4 000 毫升后死亡。将采血缸加盖,静置 12 小时。待血液凝固,用消毒玻璃棒沿缸壁插入缸底,顺缸壁转 1 周剥开血块。12~24 小时后即有血清析出,用消毒新胶管连接注射器吸取后,取出注射器,虹吸出血清。若血清中混有血

细胞,可将其静置于普通冰箱内沉淀或离心去除。每头猪可得血清1 500～2 000毫升。血清装瓶后,每毫升血清中加入青、链霉素500单位,加塞。第二天隔水加温至60℃ 1小时,贮于0℃～4℃冰箱内备用。如瓶内血清发生浑浊或变质,即弃之不用。临喂前加入乳汁中。血清占乳汁的比例为:出生后前3天20%,4～10天占5%。

②胃管饲喂方法 左手臂搂住小猪,左手抓住小猪前腿,使其自然舒服。用一端部磨钝的输液管沿仔猪口中插入,到咽部时,通过对咽部的刺激,仔猪会出现吞咽动作,顺势将输液管插入食管,到达胃部贲门时阻力增大,用力插管可听到"卟"的声响,说明已插入胃中,顺势插入5厘米左右。检查未插入肺中后即可通过注射器推注或高吊瓶流入。该法掌握熟练后速度很快,操作方便。

(6)断奶时调圈 断奶时让日龄已到但体重太小的猪和产期稍晚但生长正常的猪互相调换,使之晚断奶,这样既保证了转出仔猪的整齐度,又防止弱小猪转入保育舍不易成活的弊端。一些技术人员和管理者机械地套用全进全出的理论,不论个体大小同时转出,往往造成保育时期弱小仔猪的大批死亡或形成僵猪,给生产造成不必要的损失,应引起同行的注意。

(7)哺乳仔猪温度控制 初生仔猪皮肤薄,体内储存的能量物质有限。据资料介绍,初生仔猪体内糖储备只能供出生后18小时用,而且是在温度正常的情况下,如温度降低,时间更短。

仔猪出生后体温调节能力差,必须为其提供适宜的环境温度。有的猪场制定出一个明确的温度标准,如产后前3天32℃～35℃;4～10天,30℃～32℃;10～20天,28℃～30℃;20～28天,24℃～28℃。这样,从理论上是合理的,但实际上很少有人能做到这一点,而且由于现在仔猪保温有不同形式,有电热板的,有红外线灯的,有红外板的,也有用白炽灯的,箱内不同区域的温度也不同,不同高度的温度更有很大差别,所以单纯的温度表不能反映仔猪达到了适宜的温度。

由于我们不可能每天去测仔猪躺卧区温度，只有通过仔猪躺卧时的状态确定其温度是否适宜：温度适宜，仔猪就会均匀平躺在保温箱中，睡姿舒适；如温度偏高，仔猪会四散分开，将头朝向有缝隙可吹入新鲜空气的边沿或箱口；如温度低，则会挤堆、压垛；温度太高时，部分小猪会躲在箱外，时间长则会受冷腹泻。

在产床上设保温箱和箱内铺垫板或垫料是保持仔猪小环境温度的有效办法，有的猪场在仔猪出生后1周给小猪铺地毯效果非常好，而且成本不高。把小猪躺卧区铺板很快撤去是错误的，因为尽管上面有烤灯，温度适宜，但下方由地面传来的空气却是冷的，时间长易造成腹泻。

(8)出生后前3天强制管理　是仔猪能否养好的关键时期，固定乳头在前3天，压死仔猪多在前3天，黄痢的发生也多在前3天，仔猪低血糖的发生也在前3天，仔猪渗出性皮炎也在前3天出现症状。管好出生后前3天，就相当于仔猪养好了一半。

产后3天内，重要的工作有：①初生仔猪接产及保温。②及时吃上初乳，以增强抗病能力。③固定乳头，这是减少死亡和提高仔猪均匀度的重要措施。④及时补铁、硒，防止缺硒和贫血。⑤恢复母猪体况，防止产后感染，在喂料、护理、保健等方面要注意，使其顺利度过身体衰弱期，为以后充足的泌乳和保持良好的断奶体况打好基础。

(三)仔猪阶段管理注意事项

1. 仔猪肠道结构对腹泻、僵猪、饲料转化率的影响　哺乳期仔猪不好养，与其特殊的消化功能有关系。猪的消化功能主要在胃和小肠，吸收则主要在小肠，特别是仔猪，小肠是最主要的消化吸收器官，小肠功能的好坏严重影响饲料的消化吸收。

小肠黏膜上长满绒毛，绒毛上又有无数的微绒毛，这些微绒毛的表面积很大,被消化的营养物质是靠这些微绒毛吸收的。如果小肠绒毛遭到破坏,或变短,或收缩到一起,绒毛与食糜接触面积就会变小,营养物质的吸收就会减少。仔猪的腹泻、僵猪的形成、饲料转化率的高低与仔猪肠道绒毛的形态有直接关系。

(1)腹泻 营养物质不被吸收只能成为粪便排出,同时排出更多的是消化液,大量的消化液和未吸收的食物混合在一起,就构成了腹泻的内容物。因为 1 头 20~30 千克的小仔猪 1 天要分泌胆汁 1.7~2 升,胰液 1 昼夜分泌 7~10 升,这样多的液体排出,如果没有得到良好吸收,就会出现严重的脱水。

(2)脱水 腹泻并不是造成死亡的直接原因,真正引起仔猪死亡的原因是由腹泻引起的脱水。猪腹泻时,消化液在不停地分泌,由于不能及时吸收,只能靠体液补充,使体液逐渐减少,体内水分和电解质损耗到一定程度,仔猪就会死亡。所以,解决腹泻减少死亡,补液是最直接有效的方法。

(3)僵猪 如果仔猪受细菌或病毒侵害,小肠绒毛受损变短,很难在短期内恢复,绒毛受损的小肠吸收功能是很弱的,所以吃进的饲料不能被吸收,仔猪会因营养不良生长受阻,长期不长而变成僵猪。

2. 使用保温箱的注意事项 保温箱有多种形式,有水泥、木制、玻璃钢、还有铁制的。使用保温箱在生产中易出现以下问题。

(1)保温箱上口太小 由于空气流通不好,里面太黑暗,仔猪往往不愿进去,需要人工强制捉进去,费时费工。同时,由于口小,饲养员在接种疫苗或转群时不便捉仔猪,也对正常工作产生不利影响。

(2)保温箱太小 保温箱多是长 1 米、宽 0.5 米,这样的保温箱可以满足仔猪整个哺乳期都能在保温箱内生活,但有些猪场保温箱太小,仔猪稍大时里面就放不下了,部分仔猪只能在箱外生存,或者为保温,仔猪都挤在保温箱内,除空气质量差外,一些弱小的仔猪容易被压在下面,变得更弱。

(3)保温箱下没有垫板　在生产中有的猪场在网床上的保温箱内不铺垫板,只在网床上铺一个麻袋或其他隔热材料,或有的在产后几天有垫板,猪稍大就撤走了,这对仔猪的发育是不利的,最理想的垫板是木板,既保温,又便于消毒,且价格便宜。不铺垫板不利于保温,床下的有害、湿凉气体直接对仔猪造成伤害。

(四)产房管理经验谈

1. 防压的简易办法　压死仔猪是哺乳猪舍常见的事情,因母猪产后体弱,仔猪生后没有防范意识,体质太弱,母猪突然卧倒时,不能及时避开。

很多仔猪是在后部被坐压而死的,有的产床在后边有防压的护栏,但有些产床没有护栏,一些饲养员在产后几天,用一锹把或铁棍等固定在产床后部,母猪在躺下时后面遇到刺激,一般不会压死仔猪,所以只要饲养员有这种意识,他们会想出很多的办法。

2. 出生后前3天做到定时喂奶　统计表明,出生后前3天死亡仔猪数可能占到哺乳仔猪死亡总数的40%以上,而死亡的主要原因是压死、饿死、病死,这些都和仔猪吃奶不足有关,如果产后能做到定时喂奶,这些问题会少得多,可以大大降低哺乳仔猪的死亡率。

产后定时喂奶是平时将仔猪关在保温箱内,在该喂奶时由饲养人员定时将仔猪放出,放出仔猪时进行固定乳头、弱仔护理等措施。仔猪吃奶后由饲养人员将仔猪重新放回保温箱。

3. 八字腿的矫治　八字腿仔猪在出生后占不小的比例,除行走受影响外,其他功能和正常猪差不多,给以特殊的照顾,可顺利活下来。以下几种方法都有一定效果:①提前捉出仔猪,让它们吃到足够的奶水。必要时需要人工灌奶或胃管投喂。②将仔猪后腿用绳子绑在一起,或用胶布固定两后腿,不让两条腿叉开,几天后,只要能吃到足够的乳汁,仔猪八字腿会恢复正常。

4. 防止初产母猪拒哺仔猪的措施 初产母猪在产仔时受惊吓,对分娩过程和仔猪都不熟悉,患乳房炎等造成拒哺。最好的办法还是让母猪逐渐接受仔猪。首先,在训练时,保持周围环境安静,由饲养员为母猪按摩乳房,促使其卧倒,然后从窝内捉一头仔猪开始吃奶,注意千万不要让仔猪出声,第一头仔猪吃奶正常后,再捉出第二头,这样几次后,母猪放奶后感到舒服,就不会再拒绝仔猪吃奶了。训练时如给母猪注射一些镇静药,对训练更有好处。

5. 防止饮水器溅水 我们常见到母猪喝水时,因水压太大,溅得到处都是,使湿气很大,给防止仔猪腹泻带来了难度。将母猪饮水器方向改变、将饮水器舌头翻向下面、为母猪饮水器减压等措施都有一定的效果。

七、保育仔猪的饲养管理

保育期一般是从 28 日龄断奶,到 75 日龄或 80 日龄,体重达 30 千克期间的饲养。

保育期饲养管理指标:成活率 96% 以上;饲料报酬 2.1∶1 以下;日增重约 450 克;转出合格率 95%。

近年来,保育仔猪饲养成了养猪生产的重中之重。由于保育仔猪本身的特殊性和现代饲养管理模式的不协调,导致仔猪断奶后腹泻、生长停滞和呼吸道疾病多发,给养猪业造成了相当大的损失,因此保育仔猪是每一个养猪场饲养管理的关键。

(一)保育仔猪的特殊性

1. 母源抗体消失,抗病能力下降 仔猪断奶后,由母乳传递的母源抗体停止供应,母源抗体在体内逐渐消失,新的免疫系统尚未建立,是猪一生中最脆弱的生理阶段,最易被各种病原侵袭而致病。

2. 应激因素多,适应能力差 单纯或小的应激不会对猪造成大的影响,但应激的集中出现或强烈的应激会降低猪的抗病能力,使本来不完善的免疫系统加重负担。断奶期间的应激因素有多种,如离开母猪转入新环境、由母乳变为固体饲料、温度变化、捉猪、运输、疫苗注射、合群时打斗等。断奶仔猪适应能力差。

3. 仔猪消化系统功能不健全,饲料营养变化大　仔猪断奶时,其消化系统还很不完善,如消化酶的分泌很少,激活胃蛋白酶活性的胃酸分泌也很少,小肠和大肠消化功能很弱等。由母乳向固体饲料过渡时处理不当,会出现饲料无法消化,甚至破坏仔猪消化道功能,出现严重的腹泻或掉膘。

在保育期间,饲料从易消化的动物饲料为主变为植物饲料为主,蛋白质从 20% 降至 16%,赖氨酸从 1.5% 降至 0.9%,这对仔猪是非常大的应激。

4. 生长速度快　仔猪从断奶时的 7 千克左右,生长至 75 日龄的 30 千克,体重增加 4.3 倍,对猪本身及各种外部条件要求是相当高的。

5. 高密度饲养,疾病传播快　保育猪多采用网床高密度饲养,便于管理操作。但空气质量难以保证,发病后传播快,给疾病防治带来了难度。

(二)保育仔猪常见问题

1. 断奶后减重　这是断奶、转群等各种应激的集中体现,特别是直接断奶转入保育舍的仔猪更明显,少者减重 3～5 天,多者半个月,给生产造成很大损失。减重增加 1 天,就相当于出栏增加 3 天,每增加 1 天的饲养就要多消耗 2 千克以上饲料,增加成本 4 元左右,这是一个相当大的数字。断奶后减重的主要原因是饲料质量与仔猪消化功能不适应,同时环境条件及其他应激的影响也是相当大的。防止断奶后减重应从改善饲料质量和改善环境条件等多方面着手。

2. 疾病多发 保育期间易发病种类很多,如猪瘟、腹泻、水肿、多系统衰竭综合征等,每一种病都会给保育期仔猪造成致命的伤害,有效控制疾病发生是保育期的关键。

3. 生长缓慢 仔猪的生长幅度是很大的,但长期处于应激环境和营养不平衡状态时,生长缓慢,成年后影响其生产潜力的发挥。

(三)养好断奶仔猪的关键措施

过好仔猪断奶关,主要有以下措施。

1. 提供适宜的断奶仔猪料 现在许多饲料厂把控制仔猪腹泻放在第一位,在料中加入大剂量的优质抗生素,虽当时可以起到控制腹泻和防止继发感染的作用,但同时对有益菌也会有负面影响,由于药物的添加饲料的营养浓度也会降低,造成生长迟缓以及发病后用药效果差等许多不良后果。

优质的乳猪料既要让仔猪断奶后迅速生长,又不能导致后遗症,是仔猪断奶过渡的最理想选择。表 5-3 是断奶前后仔猪的营养需要。

表 5-3　断奶前后仔猪营养需要

时　期	断奶前	断奶后		
体重(千克)	3~5 千克	5~10 千克	10~20 千克	20~50 千克
饲喂量	自由采食	自由采食	自由采食	自由采食
胃环境	中　性	中性→酸性	酸　性	酸　性
限制性营养	乳　糖	乳糖+赖氨酸	赖氨酸	赖氨酸
赖氨酸(%)	1.34	1.19	1.01	0.83
需饲料提供赖氨酸(%)	1.50	1.35	1.15	0.95

2. 做好饲料过渡工作　保育期间饲料品种多,从转入到转出至少要使用 3 种以上饲料,营养变化很大,每一次饲料变化都会造成仔猪消化系统的不适应,从而出现腹泻、水肿、生长停滞等症状,做好饲料过渡工作是非常重要的。饲料变化一般需要 7 天过渡期。

3. 分散应激　将仔猪断奶后产生的应激利用管理手段减小和分散,以降低对仔猪的不良影响。

生产中采用断奶后 5～7 天转仔猪的饲养方案,取得了很好的效果。主要措施如下:①去母留仔。断奶时将母猪赶走,仔猪留在原圈,舍内温度保持不变或略高。②挑出弱小仔猪继续哺乳,对顺利成活是有好处的。③断奶时在饮水中添加抗应激药物,如电解多维等。④仔猪采用自由采食方式,但也需定时将仔猪赶到补料槽边,促使仔猪吃料。⑤不要忽视晚上的工作,因为哺乳仔猪在晚上也在吃奶。⑥每天必须检查仔猪能否正常饮水。饮水比吃料还要重要。

4. 提供适宜的环境条件

(1)温度控制　保育舍环境温度要比产仔舍高 3℃左右;新入保育舍的仔猪最好铺设垫板,最好是采用电热板,因网床下的冷气对猪的伤害是很大的;靠近门口的保育床最好有挡风设施,哪怕是一个饲料袋或硬纸板;温度计感温点的位置要保持与仔猪背部平行,以显示其真实温度;温差的危害更大,一天内温度的变化不能高于 6℃;猪在休息时需要的温度比活动时要高至少 2℃以上;有无垫板及栏间有无挡板、湿度大小、通风大小都间接影响猪对温度的感受,温度是否适宜还要看猪表现是否舒适。

(2)湿度　一般认为,湿度对猪的影响主要体现在舍内粉尘的多少及影响猪对温度的感受,但实际上远不止如此。过干的空气不断刺激呼吸道,呼吸道黏液分泌加强,鼻液、痰液增多,为排出异物,引起呼吸系统负担加重,导致病原乘虚而入,引发呼吸道感染,如有恶性病原侵入,则有可能出现烈性传染病。潮湿的空气则是腹泻病的病因之一,低温高湿引发的腹泻是最常见的病因之一。生产上必须引起重视,特别是在秋、冬气候较干季节更要注意。

(3)空气质量　猪舍内空气质量指标为:通风换气可以改善舍内空气质量。

5. 把握进舍猪的质量　保育舍不同于产仔舍,不可能对每一头猪做到细心照顾,病弱猪康复的机会较产仔舍小得多,所以在转群时卡住不合格仔猪是一项重要工作。

保育猪转群标准:一是体重,28 天断奶仔猪体重必须达到 6.5 千克;二是没有疾病,患有呼吸道病、消化道病、皮肤病等都不允许转入保育舍;三是日龄过大的僵猪,如 50 日龄才达到 6.5 千克体重的猪,生长过慢,也很难随其他猪顺利转出。

6. 进猪前消毒、空舍　全进全出最大的优点就是可将上批猪群遗留的病原消灭,但如果操作不到位,效果会大打折扣。地面、网床面冲洗、消毒。食槽要清完料后,用水冲洗干净,直到手摸不到有脏物,然后用消毒液浸泡或喷雾消毒。用高压水枪将饮水器水嘴、舌头四周的杂物冲净,再用消毒液消毒,如能卸下浸泡消毒更好。垫板用 5% 火碱水浸泡半小时左右。消毒后的猪舍再进行熏蒸,空舍,这样可将上批猪的病原彻底清除。

八、肥育猪饲养管理

肥育阶段成本可占猪场总成本的一半以上,特别是一些小型猪场,所占比例更大,而且肥育猪在饲料的消耗及粪污的排放方面至少占整个猪场的一半以上,所以养好肥育猪减少饲料资源的浪费、降低污物及温室气体的排放,是低碳养猪的关键一环。

（一）肥育阶段的问题

很多猪场管理者认为肥育猪阶段疾病少、工作简单，常将其他猪不吃的料喂给肥育猪，饲养员也拿最少的工资，但实际上肥育阶段的工作却是强度最大的，肥育阶段看不见的损失是惊人的。

1. 肥育阶段的相关数据

（1）肥育猪用料　增重到 80 千克体重，需要饲料 240 千克（3∶1），占出栏猪总用量（330 千克）的 73％。

（2）成活率　前几年肥育猪阶段的成活率为 99％，而现在只有 96％左右，对 1 个万头猪场来说，相当于少出栏 300 头猪，按每头猪盈利 200 元计算，约损失 6 万元。

（3）料肉比低　如果管理到位，肥育阶段料肉比完全可降至 2.6∶1 以下；而现在多数猪场高达 3∶1 以上，每头出栏猪多消耗饲料 32 千克，成本接近 50 元。

（4）出栏时间　现在出栏时间多在 170 天左右，如果提早到 150 天，将节省 20 天的维持需要，按 20 千克计算，每头出栏猪节省成本 30 元以上。

（5）售价　因生长慢，体型差，每千克售价低 0.1 元，1 头猪少卖 10 元。

上面几项算下来，1 头肥育猪管理得好坏，可有 100 元左右的效益差，对 1 个万头猪场 1 年就差 100 万元，这是一个相当大的数字，但却被许多猪场忽视了。

2. 肥育猪饲料营养及饲喂方式存在的问题

（1）肥育猪的饲料与营养　只能单纯依靠饲料供应营养，所以必须提供全价的营养。但许多猪场为降低饲料成本，在选择饲料时只关注预混料或浓缩料的价格，忽略了饲料品质的影响，最后导致猪生长缓慢、饲料效率低下、疾病多发。

（2）饲料厂家提供的饲料配方是参考的重要依据　每个饲料

厂家都有自己的推荐配方,这是依靠资料上提供的数据,经过计算得出的,是参考的重要依据。但生产中却不可机械地照搬,需根据本场猪种、饲料原料、气候、饲喂阶段、性别等合理调整。

(3)各类饲喂方式的优缺点　肥育猪的饲喂方式区别主要有自由采食与定时定量的区别、干粉料与湿拌料的区别,各种喂料方式的优缺点如下。

①自由采食干粉料

优点:工作量小,节省劳力;操作简单,对职工要求低。

缺点:易使猪过食,饲料转化率较低;高温高湿季节易发霉变质。

②定时定量干粉料

优点:饲料转化率高于自由采食。

缺点:投料次数多,增加粉尘,易发生呼吸道病;投料时仔猪发生争料,造成饲料浪费;食槽不易保持干净(没有食槽的猪场更难),对控制疾病不利。

③定时定量湿拌料

优点:减少饲喂时的粉尘量,饲料浪费也减轻。

缺点:工作量加大。

3. 肥育阶段问题分析

(1)条件差　最劣质的饲料原料供应肥育,最糟糕的猪舍用于肥育,环境无法保证。

(2)人员素质差,不稳定　肥育阶段是猪场选择饲养员的第一场所,在肥育阶段干好的提拔到其他车间,干不好的干脆辞退。所以,肥育阶段人员和饲养模式不固定,生产效果难以保证。

(3)重视程度不够　因肥育猪抵抗力相对较强,在饲养、管理、防疫、治病等方面没有受到足够的重视,疾病发生后不能及时发现并治疗,是造成死亡率高的一个重要原因。

(二)肥育猪的管理

1. 肥育猪的环境控制

(1)温度 温度对肥育猪饲料转化率的影响很大(表 5-4)。

表 5-4 温度对肥育猪日增重的影响

温 度 (℃)	日喂量 (千克)	平均日增重 (千克)	饲料报酬
0	5.06	0.54	9.45
5	3.75	0.53	7.1
10	3.49	0.8	4.37
15	3.14	0.79	3.99
20	3.22	0.85	3.79
25	2.62	0.72	3.65
30	2.21	0.44	4.91
35	1.51	0.31	4.87

从表 5-4 中可见,20℃左右时的饲料报酬比 0℃时高 1 倍多。提高猪的有效温度,可以为猪创造一个适宜的局部小气候。例如,在气温 0℃ 时,让猪躺卧在电热毯、柴草堆里,猪不会感到冷;让几头猪躺在四面有墙的猪圈内,猪的冷感觉也会轻得多;热风炉加热方式,也是划算的。在气温高于 30℃时,经常给猪身上淋水,让猪躺在 30℃的水中,用电风扇吹三至四级的风,猪不会感到热。有人总结了一句冬天给肥育猪加温的理由:"不烧炭,就要烧料,料比炭的价格要高得多",再加上温度适宜后,猪群健康程度增加,料肉比降低,出栏时间提前,效

果远远大于投入。

（2）卫生与消毒　猪场的卫生与消毒最常见的问题是消毒次数很少、消毒不到位，消毒需要消毒剂与病原密切接触并有足够时间才有效果。所以，建议消毒时必须把握以下几点：一是消毒前要将舍内彻底清理，将粪便、灰尘清理干净；二是严格按照说明书配制消毒药，保证有效浓度。三是要有足够的剂量，让消毒药将所有的脏物浸透。严格按照说明书配制消毒药，保证有效浓度。

（3）通风换气　这是一个容易被忽视的问题，特别是在封闭较严的猪舍，这一问题的影响是相当大的，如果发现你的猪营养全面、温度适宜、卫生条件不错、猪也没有大病、采食量正常，而只是生长缓慢，饲料报酬低，那就需要考虑空气质量问题了。其实密度大小对生长猪的影响也是和空气质量有关的。

为什么农户养猪在大猪时期增重速度加快，而规模猪场则生长减缓？我们认为和空气质量是有直接关系的。因为农户多是半封闭或敞开式，空气质量有保证，而规模猪场多是封闭式的，特别是猪栏间用砖墙的，空气几乎不流动，猪呼出的废气和粪尿释放的有害气体占据了猪所处的最底层，氧气含量大大降低。

改善空气质量的办法主要是通风和保持舍内清洁，通风可将有害气体及时排出舍外，而保持舍内清洁则可以将产生有害气体的根源清除，冲圈是最彻底的清洁圈舍办法。我们认为育肥舍冲洗圈舍不论在任何季节都是必要的，甚至是严寒的冬季，因为猪舍污染的危害远大于暂时的温度降低和潮湿。在低温时冲圈应注意：一是冲圈不冲猪，以防突然冷刺激引起猪感冒；二是冲圈时必须将舍内门窗关严，一位老饲养员总结一句话："给猪洗澡时要把门关严"；三是冲圈时要选择在天气晴朗、舍内外温差较小的时段，如下午。

2. 育肥猪饲料营养及饲喂方式

(1)注重饲料性价比　破除廉价第一观念,注重饲料的性价比。1吨4％预混料价格相差1000元,只相当于全价料成本每千克增加0.04元,但如果料肉比因此降低0.1个百分点,每增重1千克将降低成本0.16元,按料肉比0.32计算,每千克饲料多创造的价值为0.05元,也就是说多花1000元进好料,只要能使料肉比降低0.1个百分点,收益则大于支出。

(2)合理配制饲料　一个猪场应有自己的技术人员,根据不同情况灵活调整配方。如夏季育肥猪的配方,因天气炎热,猪采食量降低,为保证猪正常的生长速度,则需要增加能量和蛋白质的比例,饲料中加油脂就是一个可行的办法;另外,夏季为应对高温的影响,猪对维生素的需要量增加,而同时因高温易导致维生素的破坏,所以饲料中维生素的添加量要较平时高很多,添加维生素也是应对高温应激的必要措施。

(3)改进饲喂方法　几种饲喂方法各有其优缺点,在实际应用中应尽量扬长避短,对不足之处加以改进。每个猪场应根据生产方向和阶段采取不同的饲喂方式。有条件的大型猪场对育肥猪可采用自由采食湿料方式;一般规模猪场对育肥猪可采用自由采食干粉料的办法;小规模养猪户对育肥猪可采用湿拌料饲喂的办法。具体实施应注意以下细节:

定时定量焖料:与湿拌料相似,只是在喂料前1小时左右,先将饲料与水混合,将饲料用水泡软,可以提高饲料的适口性,增加采食量,同时由于喂料时不需同时饮水,只是在饲槽中吃料,饲料浪费很少,并且在喂料过程中,很少有粉尘,减少猪发生呼吸道病的可能性。

表5-5采食量仅供参考,生产实际中可能有所差别,可灵活掌握。

表 5-5　各阶段猪日龄、体重与采食量　（单位：千克）

体重	时间（天）		采食量 （千克/天）	平均日增重		饲料/增重	
	临界	累积		临界	累积	临界	累积
20～25	8.9	9	1.156	559	559	2.07	2.07
25～30	8.1	17	1.357	619	588	2.19	2.13
30～35	7.5	25	1.54	670	613	2.3	2.186
35～40	7	32	1.709	711	635	2.402	2.241
40～45	6.7	38	1.863	745	654	2.501	2.292
45～50	6.5	45	2.004	771	671	2.597	2.343
50～55	6.3	51	2.133	792	686	2.692	2.393
55～60	6.2	57	2.251	808	699	2.787	2.443
60～65	6.1	63	2.359	818	711	2.885	2.492
65～70	6.1	69	2.458	824	720	2.985	2.541
70～75	6.1	77	2.549	825	729	3.09	2.591
75～80	6.1	82	2.632	822	736	3.2	2.641
80～85	6.1	88	2.708	816	741	3.318	2.694
85～90	6.2	94	2.778	806	746	3.445	2.748
90～95	6.3	100	2.841	793	749	3.583	2.803
95～100	6.4	107	2.9	777	750	3.732	2.861
100～105	6.6	113	2.953	758	751	3.897	2.922
105～110	6.8	120	3.003	736	750	4.079	2.986

3. 提高生长速度和饲料转化率

(1)影响猪生长速度的因素 影响猪生长速度的因素很多,如采食量、环境温度、空气环境、猪群密度、饲料的全价性等,下面提出一些容易被忽视的地方:

①采食量的掌握 猪不同品种、不同阶段都有参考采食量,技术员可根据本场实际、气候等及时调整,但生产中饲养员往往为保持卫生环境,常出现喂料量偏低的现象。许多猪场猪出栏日龄超过 180 天,肥育期日增重不足 700 克,多与采食量低有关。

②环境温度不均衡 同一栋猪舍温度看似是稳定的,但在不同的区域,猪感受到的有效温度却是不同的。如夏季门口处猪的热应激小了,生长快、饲料报酬高。所以,应尽可能创造良好的舍内气候条件,使猪舍温度均衡,降低昼夜温差。

(2)提高猪生长速度的措施 笔者认为,让猪长得快、料肉比低必须保证以下条件:一是猪必须是健康的;二是提供符合猪需要的营养物质;三是适宜的环境条件,如空气质量、温度和湿度等。

4. 肥育猪的日常管理

(1)三点定位 三点定位对肥育猪的管理非常重要,通过调教可做到三点定位。

①用料定位 在希望猪躺卧的地方撒一些料,猪一般不在料上排泄粪便,但会在上面躺卧。

②用粪定位 在希望猪排粪尿的地方,放一些粪便,大部分猪会主动过去排粪。

③夜间定位 晚上花一点时间,将随意躺卧的猪哄起,赶到指定躺卧的地点,直到它们稳定睡好。

④用水定位 在希望猪排粪便的地方放一些水,甚至占到大部分圈舍面积,将猪逼到很小的区域,待猪固定躺卧地点后,将水逐渐撤去(炎热时除外)。

⑤用木板定位　一般仔猪从保育舍转到肥育舍时,温度会有不同程度的下降,再加上保育舍多是网床,肥育舍多是水泥地面,有时地面还是湿的,猪会感觉更冷,这时在需要定位的地方铺一块木板,猪会主动躺在上面,不会在上面排粪便了。

⑥墙角定位　刚转入的仔猪一般喜欢在避风的地方躺卧,所以墙角和墙边常是猪定位躺卧的地方,所以刚转入的猪就需要我们为它们设计好墙或墙角,如果需要猪在靠近门口的地方躺卧,则在门口堵一木板或其他物品,猪也会主动去躺卧。

⑦分栏定位　有里、外间的猪舍,可在猪入舍时将二者隔开,待猪在外间活动熟悉后,天黑前将猪赶到里间,因入里间前猪多在外间排粪,这样也就形成了习惯。

(2)弱猪的处理　弱猪不同于病猪,但也包括部分慢性病猪在内,该部分猪生长缓慢、抗病力差、饲料转化率低,如仍同其他健康猪在一起饲养,因长期处于生存空间的劣势,发育会越来越差,是疫病的易感动物和传播者。处理好弱猪,是肥育阶段成功的诀窍之一。肥育阶段弱猪处理可采取以下办法。

①卡　卡住从保育舍转入的弱仔。明确规定转群时的弱猪标准:首先要无病,其次体重与日龄相符。不合格的猪拒绝转入。

②挑　因各种原因,肥育期间还会出现弱仔,这些弱仔如仍与其他猪混群饲养,往往难以成活,所以要及早挑出来。如果1周安排1次挑猪时间,由场长、技术员、饲养员共同操作,将弱猪挑出来单独饲养,会大大减少弱猪数量。挑选弱猪时依照以下原则:一是看体型,从外表看,只要长、宽、高不足者,都可列为弱猪行列;二是采食量,采食量小者,必定有问题;三是活动与精神状态,走路不稳,眼神呆滞,躺卧姿势与其他猪不同;四看皮毛,凡是弱猪,皮毛发白或发黄,皮肤发红,皮毛无光泽或有污物沾染。

③分　将挑出的弱猪与其他猪分开,给以舒适的环境条件和优质饲料,加上必要的治疗,弱猪会很快恢复。

④治　不论弱猪是否有病,采取一些预防治疗措施是必要的,确诊之后用药,则为时已晚。常用治疗方式有饮水给药和饲料加药,症状明显的猪注射治疗。

⑤淘　属淘汰范围的猪有:治疗价值不大的猪,无法治愈的猪,治疗费时费工的猪,治疗费用太高的猪,传染性强、危害大的猪。对淘汰猪不可出售,需集中无害化处理。

(3)适时出栏　一般情况下,肥猪的出栏体重90～110千克较为合适,但这一指标并不是对所有地区和时间都适用,肥育猪的出栏时间还与以下因素有关:饲料转化率,肥猪市场销售价格,资金、猪舍和人员利用。

首先从低碳养殖的角度考虑,当猪体重达到100千克左右时饲料转化率降低,此时适时出栏可降低饲养成本;其次看猪肉市场,如猪肉价值处于高位时,可以将出栏体重适当增加,即使料肉比稍高,但从经济上是合算的。如果猪肉价格低,处于盈亏平衡点以下时,要及早出栏;最后看资金、猪舍或人员情况,为了保证正常资金、猪群周转,可以忽略价格因素。

九、关于发酵床饲养方式的几点看法

近年来,发酵床以其环保、零排放等优势在全国许多地区推广,就多年的使用情况看发酵床养猪法没有达到预期的效果。发酵床的设计、饲养管理、菌种的使用等技术还有待进一步提高、完善。由于篇幅所限,这里主要对发酵床式养猪存在的较突出的问题进行讨论。

(一)发酵床养猪技术是可行的

发酵床养猪有一定的优势:

1. 改善粪尿处理的一条途径　这是发酵床养猪最大的优势。

如果达到发酵床设计要求,在减少污水排放的同时,也减少了粪尿存放和处理的设施和地面,由于菌种对粪便的发酵作用减少了粪便的污染,降低了碳排放量。

2. 解决了水泥地面的弊端,更符合猪的生物习性 发酵床避免水泥地面冷而硬的弊端,符合猪只拱食的生物习性。因为水泥地面的导热性强,猪生活在水泥地面上,身体的大部分热量被水泥地面吸取,会造成饲料的严重浪费,特别是对于日龄偏小的仔猪来说,腹部着凉还容易引发腹泻,危害是相当大的。而发酵床所使用的垫料,都是导热系数小的材料,可以起到保温的作用。所以,仔猪腹泻发生次数会降低,饲料转化率提高。

3. 有利于猪的保暖 冬季养猪的取暖问题一直困扰着养猪业,特别是在北方,发酵床式养猪很好地解决了这一问题。发酵过程中发酵层可产生 50℃ 左右的温度,猪通过拱翻的习性可以在较适宜的温度层面休息。发酵床的利用降低了冬季猪场用煤、用电成本,同时降低了用煤、用电带来的温室气体排放。

(二)发酵床不是懒汉养猪

许多人盲目追随,认为发酵床是很容易使用,不需要什么技术,其实不然。发酵床技术利用有益微生物对猪粪分解,转变为无害成分,但这些有益微生物的生存是需要条件的,因此需要对发酵床进行精细的养护:一是保持发酵床微生态平衡,使有益微生物菌群始终处于优势地位,抑制病原微生物的繁殖,为猪的生长发育提供健康的生态环境;二是确保发酵床对猪粪尿的消化分解能力始终保持在较高水平,同时为生猪的生长提供一个舒适的环境。发酵床养护主要涉及垫料的通透性管理、水分调节、垫料补充、疏粪管理、补菌、垫料更新等多个环节。一旦出现有益微生物数量少而有害微生物数量大的情况,发酵床的作用也就难以发挥了,严重时反而出现恶劣的负面影响。所以,发酵床的使用需要用科学严谨的态度和严格到位的操作去维护。

许多养猪户认为发酵床就是懒汉养猪，这是不对的。猪有定点排粪尿的习性，一头猪排粪便后其他猪也往往在有粪便的地方排粪，使粪便集中在一起。所以，必须有人经常将集中的粪便分散开来；另外，让表层的粪便进入到深层的发酵层，单纯靠猪的踩踏、拱翻是不行的，需要人工翻动。由此可见，发酵床养猪不是懒汉养猪。

（三）发酵床的使用需要针对不同的猪群

妊娠母猪采用限制饲养的方式，处于饥饿状态的母猪，会饥不择食，会拱食发酵床上的锯末，如果锯末发霉会影响母猪的正常发情和妊娠；发酵床温度较高而妊娠母猪的适宜温度为 16℃ 左右，在夏季危害更大。

后备母猪利用发酵床饲养时应注意，如果后期转群饲养在水泥地面，肢蹄病发生率非常高。

规模化猪场猪群可分为妊娠群、分娩群、保育群、肥育群，其中产生粪尿污水最多的是肥育群。

根据发酵床的密度要求，肥育猪舍的建筑面积至少要比普通猪场扩大 30% 以上，这对土地的供应及投资都是巨大的挑战，另外肥育后期分栏，也增加管理难度。

分娩群不适宜使用发酵床。在规模猪场要求严格的全进全出，发酵床垫料的利用时间每批次只能使用 4～5 周的时间，然后重新铺设，这需要的劳动量很大；而且分娩舍需要经常消毒，这给发酵床的管理带来了很大的难度。发酵床在分娩舍的利用还需进一步探讨研究。

保育群产粪尿的量比较少、饲养密度比较高，可以利用发酵床进行冬季保暖，但在保育猪同样有更换垫料的问题（大约 6 周左右更新垫料 1 次）。可以考虑保育舍和肥育舍连续饲养，即保育猪不转舍直到出栏,中间可以减密度来解决。

(四)不同季节的利用效果

发酵床养猪在冬季保温方面有很大的优势,但在夏季高温季节却是弊多利少。一些养猪户采用加大通风量的办法降低垫料温度,也有的养殖户在制作发酵床时预留一部分水泥地面,但这一做法会减少猪舍使用面积,增加成本。

(五)必须注意发酵床菌种厌氧的特点

发酵床厌氧环境,需要垫料内部空间小,空气少,但如果使用膨松垫料(如大量的稻壳、秸秆等),内部所含空气量大,不利于有益菌的繁殖,效果就会差很多。

(六)采用发酵床养猪必须考虑成本

使用发酵床养猪应该进行成本预算,因为垫料主要材料锯末不易得到,且价格高,再加上饲养密度小,都会增加养猪成本。

(七)发酵床养猪方式的改进建议

随着发酵床养猪的推广应用,总结出了许多改进措施。

发酵床翻倒机的使用。可解决猪定点排粪的问题,大大减轻了人员工作量,可及时将粪尿翻到深层,使发酵效果更理想。

饮水点远离发酵床。饮水器跑、冒、漏水可使发酵床垫料变湿,形成局部的不良环境。饮水器安装在远离床面处,下面用水泥砌排水沟,将水及时排到舍外,解决发酵床潮湿的问题。

半床半地面形式。发酵床设计成高台与深坑结合形式,深坑用水泥地面,留排水设施,在深坑与高台间留一坡道。冬季将深坑填满,采用发酵床方式饲养;夏季将发酵垫料清理走,全部水泥地面饲养。因夏季深坑的温度要低于地面,对肥育猪来说更适宜,既发挥发酵床冬季的优点,又解决夏季的不足。

用水帘降温解决夏季高温问题。使用水帘降温,使猪舍空间温度处于适宜的范围。成本不高,改造难度小,可以考虑使用。

养猪场(户)必须客观地看待发酵床养猪,既不能不加分析地盲从,也不能发现问题就一棍子打死,而是需要根据当地具体情况综合评估,以达到最理想的效果。

第六章 生猪养殖场生物安全措施与防疫

低碳养猪必须树立防重于治、养重于防的理念。防病是一个系统工程,狭义地说,包括生物安全和疫苗免疫;广义地说,还包括药物预防、保健、饲养管理等其他相关措施。防疫工作是实现低碳养猪的先决条件。

一、生物安全措施

生物安全是近年来国外提出的有关集约化生产过程中保护和提高畜禽群体健康的新理念,是猪群的管理策略。规模化猪场在具备卫生防疫的建筑及设施后,通过实施生物安全措施最大限度地减少引入性致病性病原体,是最经济有效地控制疾病发生和传播的方法。低碳养猪体系中应制订生物安全措施,并在全场实行。

(一)猪场的生物安全措施

猪场的生物安全,就是防止疾病进入猪场。

1. 选择适宜的场址 科学选址不仅提高工作人员劳动效率,最重要的是要满足防疫要求,可以最大限度地减少病原微生物进入养殖场。除此之外,还应考虑交通、土壤、水质等。

2. 猪场严格分区 专业猪场分成生产区、生活区、办公区、隔离区、售猪区等,各功能区严格分离,建造围墙、绿化带或其他隔离设施。生产区及场区门口设消毒池、洗手更衣间、淋浴室、喷雾消毒机以及门卫等。

3. 人员和物品消毒 禁止外来人员及一切闲杂人员进入猪

场生产区。外出回场人员需隔离 48 小时之后方可进入生产区,场内人员进入生产区时也要更衣消毒,并尽量减少在场区内不同区域的走动。

不得将猪肉制品带入场内。对进入猪场的设备、药品、饲料、工具等必须经熏蒸消毒后方可进入生产区。

4. 车辆及售猪环节的管理 对于进入猪场的一切车辆须彻底消毒。严格控制售猪环节,装猪台最好建在猪场围墙外,杜绝运猪车辆进入生产区,经彻底消毒方可进入售猪区域。

5. 控制猫、狗、老鼠等其他动物 猪场不能饲养猫、犬、家禽、牛、羊等动物,杜绝传染疾病的危险。

6. 科学引种 引种是疾病进入猪场的第一大来源,最好自繁自养。必须引种时选择没有疫情、生物安全措施完善、免疫制度合理的种猪场引种,引种后隔离饲养,注射未免疫苗,经驯化适应本场环境以后方可进入生产群。

7. 饲料、饮水管理 选择无杂质、无霉菌污染、营养全价的饲料。猪饮用水必须清洁卫生,符合畜禽饮用水标准,最好对饮用水进行消毒处理。

(二)猪场内部生物安全措施

猪场内部生物安全,就是控制猪场内部病原微生物的各项措施。

1. 实行全进全出的生产制度 所谓全进全出就是在同一时间,将一个养殖点、一栋猪舍或一个单元的所有日龄相近的猪,全部转移至下一饲养阶段或出售后,对猪舍彻底清扫、浸泡、冲洗,消毒干燥,空置 1 周后,饲养下批日龄相近的猪。

全进全出生产制度,可有效地减少病原微生物及不同日龄猪之间的交叉感染,是低碳养猪必需的生产方式。

2. 隔离 传染病的传播需要病原、传播途径、易感动物,缺少任何一个条件疾病都不会传播,隔离就是切断传染病的传播途径,从而杜绝疾病传播。猪场办公区、生活区、生产区、隔离区、售猪区等相对独立,有利于杜绝病原微生物交叉感染。必须设置隔离区,将病猪和疑似病例迅速转移至隔离区,使之与健康的猪隔离,从而切断疾病的传播,也利于患病猪的治疗和恢复。

3. 卫生 猪场的卫生措施就是通过清扫、冲洗、通风等手段,减少猪场病原微生物的数量,保证猪在相对清洁、卫生的环境中生长。卫生措施是一个猪场管理工作的重点,需要合理的规章制度及奖罚措施约束员工操作到位。

4. 消毒 消毒是猪场最常用的防疫措施之一,其目的是杀灭猪舍环境中的各种病原微生物,从而减少疾病传播。猪舍内及猪场应定期消毒。

5. 猪粪及废弃物的处理 猪粪和废弃物中通常含有大量的病原微生物,必须妥善处理。猪粪及废弃物的处理关系到猪场防疫的成败。

猪场的贮粪场应建在售猪区,长方形,搭遮雨天棚。粪池墙体高 60～100 厘米,容量大小以容纳 3 个月出粪为度,宜建 2 个轮换使用,粪便表面覆盖塑料布,以利发酵(发酵过程可杀灭病原微生物),并防止苍蝇的滋生,有条件的可建有机肥厂。

猪场病死猪、母猪的胎衣、死胎可投入生物热坑,利用生物热的方法将尸体发酵分解。生物热坑呈圆井形,深 9～10 米,直径 3 米,坑壁及坑底用不透水材料抹平(多用水泥)。坑口高出地面约 30 厘米,坑口有盖,盖上有小的活门(平时上锁),坑内有通气管。如有条件,可在坑上修一小屋。坑内尸体可以堆到距坑口 1.5 米处。经 3～5 个月,尸体完全腐败分解后,可挖出作肥料。这种专门的尸体坑又称贝卡里氏坑。

二、低碳养猪的消毒措施

严格有效的消毒可保持猪场内清洁卫生,降低场内病原体的数量和密度,净化生产环境,为猪群建立良好的生物安全体系,从而促进猪群健康,减少疾病发生,对低碳养猪、提高生产效益具有重要的作用。

(一)影响消毒效果的因素

1. 消毒剂的使用浓度 现提倡各类消毒剂在使用中应根据不同的消毒对象、消毒目的采用最合适的浓度,如复合苯酚类消毒剂在 1∶200 时可 100％杀灭口蹄疫病毒,对水疱病病毒则需使用 1∶100 浓度才能有效。乙醇在 70％时消毒效果最好,高于或低于这一浓度则效果降低。一般来说,浓度过低就不能达到消毒目的,加大消毒剂的浓度可提高杀菌力、加快反应速度,但浓度过高,有时反而影响消毒效果,不仅造成浪费,而且毒性和腐蚀性也相应增加,不符合低碳养猪的要求。所以,根据消毒目的,严格按要求配制消毒剂。

2. 消毒持续时间 各种消毒剂杀灭病原体需要一定时间。消毒持续时间与消毒剂的化学特性、浓度,病原体的种类、数量及其对消毒剂的抵抗力有关,与消毒环境的温度和湿度有关。一般来说,消毒剂对消毒对象作用的时间越长,效果越好;消毒时间过短,常导致消毒不彻底。

3. 消毒液的剂量 猪舍消毒时,每平方米药液喷洒量与消毒效果直接相关。保证足够的药量,是消毒猪舍、器具、栏位等共同遵守的原则。消毒药的剂量应达到每平方米 300 毫升。

4. 温度 通常在温度较高条件下消毒剂对病原体的杀灭力增强,并可缩短消毒时间,低温条件下杀灭力下降或失去消毒作用。如在使用甲醛熏蒸猪舍时,温度低于 15℃时消毒效果不理想,达到 18℃以上时消毒效果良好;利用酚类消毒剂消毒时温度提高 10℃,则消毒效果提高 8 倍。

5. 湿 度 猪舍空气中的相对湿度对熏蒸消毒有明显影响。如常用于猪舍熏蒸消毒的甲醛、过氧乙酸,在相对湿度 60%～80%时消毒效果最好,干燥时消毒效果不理想。

6. pH 值 化学消毒剂的消毒效果易受环境 pH 值影响,如酸类、复合酚类、碘制剂等在酸性环境下杀菌力增强;碱类、阳离子表面活性消毒剂(如新洁尔灭)、醛类消毒剂中的戊二醛等在碱性环境条件下杀菌力增强。

7. 病原微生物 环境中病原微生物的种类、数量对消毒效果的影响如下:①不同病原体对消毒剂的抵抗力不同,如对细菌芽孢污染的环境,应使用强效消毒剂。②严重污染的环境,消毒时间相应延长,如少量芽孢菌污染时,用 8%甲醛溶液 2 小时即可杀灭,而污染严重时,需要 10～24 小时才能彻底杀灭。

8. 有机物质 环境中有机物质(如血液、大小便、呕吐物、脓汁等)存在时,可抑制或降低消毒剂的消毒作用。故在采用化学消毒剂消毒之前进行彻底的清扫、冲洗是十分必要的。在消毒剂中最易受有机物质影响的是氯制剂和季铵盐类消毒剂。

9. 抑制化学消毒剂的物质 一些物质抑制化学消毒剂的消毒作用。如肥皂、洗衣粉为阴离子表面活性剂,在与新洁尔灭等阳离子表面活性剂同用时可降低新洁尔灭的消毒作用;此外,硬水可抑制季铵盐类消毒作用。

(二)猪场的消毒操作

1. 门卫消毒

(1)工作人员消毒 目前最行之有效的消毒方法是喷雾消毒方式。工作人员进场时在更衣室脱去衣物,走过喷雾消毒通道全身喷淋后,换穿场内专用工作服、鞋,双手在消毒池(盆)内浸泡消毒后,从消毒通道进入生产区。工作服、鞋悬挂于更衣室内,开启臭氧消毒机或紫外线灯消毒(照射 2 小时以上),也可用熏蒸法消毒。工作服、鞋应每天进行清洗、消毒。

(2)车辆消毒 车辆进入生产区时,须经过车辆消毒通道,喷洒消毒剂对车辆及所载物体表面消毒后方可进入。

重要提示:如车辆装载过病死畜禽及其产品,或自疫区返回时,应在距场区较远处对车辆内外(包括驾驶室、车底盘)进行彻底消毒后,方可进入场区内,但 7 日内不得进入生产区。

(3)生产用具的消毒 生产用具(扫把、铁锹等)使用完毕后要及时清洗并统一贮存,在贮存间内设置紫外线或臭氧消毒机消毒,也可用喷雾消毒,但有疫情时须经熏蒸消毒后才可使用。

2. 场区消毒 非生产区的卫生消毒。非生产区包括生活区、辅助生产区(办公区)和饲料加工区。对非生产区应经常清扫,定期(每周或每半个月)消毒。

生产区内、舍外主干道应每日清扫,每周消毒 1~2 次。场外有疫情威胁时,可提高消毒剂浓度,增加消毒次数。场内局部发生疫情时,对有疫情猪舍外的道路可铺垫麻袋,其上泼洒消毒剂并保持其湿润。

对猪的转运通道、装猪台应于每次使用后立即清扫、强力冲洗,并喷洒消毒剂。称重地磅清扫后用拖布蘸取消毒剂擦拭消毒。

剖检室(场所)和运送尸体的车辆及其经过的道路使用后立即消毒,酌情使用喷洒法、浇泼法、浸泡法。

粪便运输专用道应在每日使用后立即清扫,定期(每周或每 2 周 1 次)消毒,贮粪场定期清理并用移动式喷雾消毒机喷洒消毒。

3. 猪舍的卫生消毒

(1)预防消毒(日常消毒) 平时每日进行,是保持猪舍清洁卫生,降低舍内病原体密度,预防疫病的发生与流行的一项常规防疫措施。方法是每日上、下午对猪舍地面、道路各清扫 1 次,将收集的粪便、饲料残屑、垫草等运往贮粪场集中处理,同时清洗食槽、水槽,排污沟。地面、墙壁、走道定期喷洒消毒。场外疫情严重时酌情增加消毒次数和提高消毒液浓度,不能使用对猪有刺激的消毒药。

(2)局部消毒 采用传统养猪工艺、非全进全出生产方式,对断奶、转群、出售后空置栏位消毒。方法是:将栏内清扫干净,高压强力冲洗,向地面、墙壁、食槽、水槽泼洒消毒剂消毒数小时后,用清水洗净消毒液,干燥后即可进猪。

对实行常年分散分娩的猪场,母猪进栏时应对其躯体喷雾消毒。临产前将猪栏清扫干净,开始分娩时用消毒液(0.1%高锰酸钾或 0.1%新洁尔灭等)擦洗其后躯、阴部、乳房,铺上干净垫草,候其分娩。

(3)定期消毒 采用工厂化、分阶段式养猪工艺,全进全出生产方式时,采用定期消毒。这种猪舍由于洁净度较高,饲养员进入生产单元时应消毒、更衣、洗手后才可与猪接触。无关人员不得入内。

(4)熏蒸消毒 熏蒸消毒主要是采用甲醛与高锰酸钾反应,使甲醛气体弥漫至猪舍的整个空间,作用一定时间后可杀灭病原微生物。此方法的优点是药物能均匀地分布到猪舍的各个角落,从而达到全面彻底的消毒。

熏蒸消毒时应注意以下几点:①消毒时猪舍要密闭,如有缝隙,应用胶带、报纸等封严,以防漏气影响消毒效果。②由于甲醛只能对物体表面进行消毒,应在熏蒸前对猪舍进行机械清除。③熏蒸消毒时室温不低于 18℃,空气相对湿度 60%～80%为好。④猪舍熏蒸消毒 24 小时后通风换气 2 天以上方可使用。

(5)带猪消毒 带猪消毒也是猪场常用的消毒方式之一。带猪消毒利用气雾消毒机将消毒剂以直径为 1～5 微米的微粒喷洒到空气中,形成消毒剂的气溶胶,从而对猪舍内环境进行全方位消毒。雾化颗粒在空气中滞留的时间长,更易与空气中携带病原微生物的颗粒碰撞融合在一起,从而杀灭其中的病原微生物。在疫病高发季节,可根据疫情的发展每日数次进行舍内的带猪消毒。

4. 饮水消毒　充足、清洁的饮用水是猪群健康的重要保证。目前许多猪场饮用水中大肠杆菌、霉菌、病毒等严重超标,使得消化道疾病,特别是腹泻性疾病较难控制,因此应对饮用水进行消毒。饮用水消毒可用氯制剂、碘制剂、酸制剂,无毒无害,安全可靠的消毒剂。饮水消毒不可随意加大消毒药的浓度,消毒时间不可过长,应严格按产品说明使用。

5. 常规消毒

(1)病死猪剖检时的消毒　对病死原因不明的猪进行剖检,应在剖检室内或场外规定地点进行,运送猪尸体时防止其对环境的污染。剖检前对猪体清洗消毒。剖检完毕后将尸体投入深井并用石灰覆盖,或进行焚烧等无害化处理。参加剖检的所有人员必须用消毒剂消毒双手,对衣物及剖检器械应浸泡消毒,所采集病料应妥善保管,勿使其造成污染,剖检场地泼洒消毒剂,清洗消毒。

(2)工作服、鞋的消毒　工作服、鞋应定期清洗,置日光下暴晒消毒。工作人员接触病猪后应将工作服、鞋置消毒剂中浸泡消毒后再洗涤。更衣室内最好选用消毒衣柜。

(3)猪体消毒　定期使用消毒剂对猪体表实行喷雾消毒。夏季可结合防暑降温的喷雾系统对猪群实施消毒。仔猪断脐、断尾、剪牙及外伤等伤口用酒精、碘酊等消毒。

(4)兽医器械消毒　注射器、针头等应煮沸消毒。消毒时金属注射器应拆卸,玻璃注射器应将内芯抽出,用纱布包裹后煮沸30分钟,自然冷却后装配使用。体温计应在每次使用后立即用酒精棉球擦拭干净,再浸泡消毒。刀、剪等器械使用后洗净放入消毒液浸泡消毒。套口器(绳)、鼻捻绳等也采用浸泡消毒。

6. 终末消毒(大消毒) 疫病大面积发生和流行后,最后 1 头患猪死亡、扑杀、转移出场或痊愈,经过该病的最长潜伏期无新病例发生时,在全场施行全面彻底的消毒。应掌握的原则是先消毒未发病区,后消毒发病区;先消毒猪舍外,后消毒猪舍内。猪舍外环境消毒应在大扫除、清理场地后进行,垫草、粪便、垃圾等应予焚烧,水泥地面喷洒消毒剂,必要时对病猪接触过的泥土地面消毒。

(三)重大疫病发生时的紧急消毒

1. 猪舍消毒 空圈后先用 3% 火碱水充分消毒后晾干,再用次氯酸钠液(稀释 100 倍)消毒,不留死角。对器械、衣物、废弃物,可焚烧的尽可能烧毁,也可用 3% 火碱水浸泡 24 小时后丢弃。对还能使用的器材,可用湿热灭菌(煮沸或高压蒸汽灭菌)消毒,也可浸泡于 1:200 次氯酸钠或 0.5%~1% 火碱水中,至少 12 个小时。

2. 运动场、放牧场消毒 地面撒生石灰 1 千克/米^2,1 周后清理、洗刷,待疫情稳定后再进猪。

3. 粪便、排水沟消毒 可以在排水沟撒生石灰或 2%~3% 火碱水。粪便可用发酵法消毒,或用 5% 氨水消毒。污水可用含有效氯 25% 的漂白粉消毒。

4. 死猪 最好焚烧处理。

四、常用消毒药物

(一)消毒药物的选择

消毒药物种类很多,有氯制剂、碘制剂、过氧化物、醛类、季铵盐类、酚类、强碱等。选择消毒药品,一要考虑猪场的常见疫病种类、流行情况和消毒对象、消毒设备、猪场条件等,选择适合自身实际情况的 2 种或 2 种以上不同性质的消毒药物;二要充分了解本地区的猪疫病流行情况和可能的发展趋势,贮备和使用 2 种或 2 种以上不同性质的消毒药物;三是所选用消毒药易溶于水,购买方便,货源稳定;四要定期监测消毒药物的消毒效果,依据实际消毒效果来使用,注意选择效力强、广谱、生效快且持久、不易受有机物及盐类影响的药品。

要选用权威部门鉴定和推荐的产品,三证具全,物美价廉。

(二)常用消毒药

常用消毒药的特性及使用方法如下。

1. 氧化剂类消毒药

(1)过氧乙酸　过氧乙酸又叫醋酸,过氧乙酸具有很强的广谱杀菌作用,能有效杀死细菌繁殖体、结核杆菌、真菌、病毒、芽孢和其他微生物。

应用:配成 0.1%~0.2%溶液,用于圈舍内外环境、用具及带猪消毒。但要注意带猪消毒时,不要直接对着猪头部喷雾,防止伤害猪的眼睛。

(2)高锰酸钾　又称锰酸钾或灰锰氧,是一种强氧化剂,能氧化微生物体内的活性基,而将微生物杀死。

应用:常配成 0.1%~0.2%浓度,用于猪的皮肤、黏膜消毒,主要用于对临产前母猪乳头、外阴以及产科局部消毒。

2. 氯化物类消毒剂　氯消毒剂杀菌谱广,能有效杀死细菌、结核杆菌、真菌、病毒、阿米巴包囊和藻类,作用迅速,其残氯对人和动物无害。缺点是对金属用品有强腐蚀性,高浓度对皮肤黏膜有一定刺激性。

(1)漂白粉　属于次氯酸钙产品,杀菌谱广,作用强,但不持久。主要用于圈舍、猪栏、食槽、车辆等消毒。

应用：用 5％～10％混悬液喷洒，也可用干粉末撒布。0.03％～0.15％漂白粉用于饮水消毒。

(2)次氯酸钠($NaClO$) 次氯酸钠是液体氯消毒剂，是一种高效、快速、杀菌力特强的消毒剂。目前广泛用于水源、污水及环境消毒。

应用：畜、禽水质消毒，常用维持量 2～4 毫克/千克有效氯。用于猪舍内外环境消毒，常用有效氯的浓度为 5～10 毫克/千克。用 5 毫克/千克氯溶液可带猪喷雾消毒。

(3)二氧化氯 二氧化氯是目前国际上公认的新一代高效、广谱、安全的杀菌剂，无"致癌、致畸、致突变"三致效应。二氧化氯具有很强的氧化作用，能使微生物蛋白质中的氨基酸氧化分解。因此，它能杀灭各种病毒、细菌、原生生物、藻类、真菌和各种孢子及孢子形成的菌体。目前广泛应用于猪舍、饲喂用具、饮水、环境等消毒。

应用：猪水质消毒常用浓度为 5 毫克/千克，环境消毒用 200 毫克/千克，饲喂用具消毒用 700 毫克/千克。

(4)强力消毒王 强力消毒王是一种新型复方含氯消毒剂。主要成分为二氯异氰尿酸钠，并加入阴性离子表面活性剂等。本品有效氯含量为 20％，消毒杀菌力强，对各种病毒、细菌和真菌以及畜禽寄生虫虫卵均有较好的杀灭作用。该品易溶于水，正常使用对人、猪无害，对皮肤、黏膜无刺激，无腐蚀性，并具有防霉、去污、除臭的效果，且性能稳定、耐贮存。由于对皮肤、黏膜无刺激可带猪喷雾消毒。

应用：根据消毒范围及对象，参考规定比例称取一定量的药品，先用少量水溶解成悬浊液，再加水逐步稀释至规定比例。

3. 碘类消毒剂 碘是广谱消毒剂，它对细菌、结核杆菌、芽孢、真菌和病毒等有快速杀灭作用。碘溶于乙醇中成碘酊，常用于皮肤的消毒。它的水溶液适合于黏膜消毒。

（1）碘酊（碘酒）　是一种温和的碘消毒剂。

实际应用：一般配成 2％的浓度，此浓度不致灼伤皮肤，临床上常用 2％碘酊作为注射部位、各种创伤及感染皮肤或黏膜的消毒。

（2）碘附　能增强碘在水中的溶解度，由于它易溶于水，其浓度比游离碘高 10 倍以上。碘附对黏膜和皮肤无刺激性，也不致引起碘过敏反应。杀菌能力与碘酊相似，此外还有清洁作用，而毒性极低。对碳钢、铜及其他金属均无腐蚀性。

应用：临床上 1％浓度的碘附，用于注射部位、手术部位的皮肤、黏膜以及创伤口、感染部位的消毒。也可用于临产前母猪乳头、外阴的清洗消毒。

碘附也可用于水的消毒，特别是饮水的紧急处理，用 8 毫克/千克有效碘，作用 10 分钟，能有效杀死水中存在的微生物。

（3）特效碘消毒液　特效碘消毒液为复方络合碘溶液，具有广谱长效、无毒、无异味、无刺激、无腐蚀、无公害等特点。能杀灭葡萄球菌、化脓性链球菌、炭疽杆菌、破伤风杆菌、巴氏杆菌、大肠杆菌、绿脓杆菌、沙门氏菌、肺炎双球菌等致病菌，并且还能杀灭甲型、乙型肝炎病毒、痘病毒等。

应用：0.3％特效碘消毒剂做 40～80 倍稀释液后用于猪舍喷雾消毒。

（4）聚维酮碘　聚维酮碘为广谱强力杀菌消毒剂，对病毒、细菌、真菌及真菌孢子都有较强的杀灭作用。对皮肤刺激性小、毒性低、作用持久，并且使用安全、简便。对组织基本无刺激性，用于皮肤、黏膜及伤口消毒。

应用：一般制成 10％的溶液用作消毒剂。有效杀灭支原体、大肠杆菌、沙门氏菌及流感、蓝耳病毒等，还能杀灭猪寄生虫卵，并能抑制蚊蝇等昆虫的滋生。

4. 季铵盐类消毒剂　季铵盐又称阳性离子表面活性剂，主要用于无生命物品或皮肤消毒。季铵盐类化合物的优点是：毒性极低、安全、无味、无刺激性，在水中易溶解，对金属、织物、橡胶和塑料等无腐蚀性。它的抑菌能力很强，但杀菌能力不太强，主要对革兰氏阳性菌抑菌作用好，对阴性菌作用较差。对芽孢、病毒及结核杆菌的作用也较差，没有杀灭作用。为了克服这方面的缺点，已研制出复合型的双链季铵盐化合物，较传统季铵盐类消毒剂杀菌力强数倍，有的产品还结合杀菌力强的溴原子，使分子亲水性及亲脂性倍增。

（1）新洁尔灭　季铵盐类消毒剂，在水、醇中易溶。本品温和，毒性低，无刺激性，不着色，不损坏消毒物品，使用安全，应用广泛。

应用：常配成0.1%浓度作为外伤、器械以及猪体表的消毒。

（2）度米芬　也称消毒宁。本品由于能扰乱细菌的新陈代谢，故产生抑菌、杀菌作用。

应用：常配成0.02%～1%溶液用于皮肤、黏膜消毒及局部感染湿敷。

（3）瑞德士-203消毒杀菌剂　是由双链季铵盐和增效剂复配而成。本品在较低浓度及温度下，能快速杀灭各种病毒、细菌、真菌、虫卵、藻类、芽孢及各种畜禽致病微生物。

应用：预防消毒用40型号的瑞德士，按3 200～4 800倍稀释，进行猪舍内外环境的喷洒消毒；按1 600～3 200倍稀释做疫场消毒。

（4）百菌灭消毒剂　是复合型双链季铵盐化合物，并结合了最强杀菌力的溴原子。能杀灭各种病毒、细菌和真菌。

应用：平常预防消毒取本品按1∶800～1 200倍稀释做猪舍内喷雾消毒；按1∶800倍稀释可用于疫情场内、外环境消毒；按1∶3 000～5 000倍稀释，可长期或定期做饮水系统消毒。

5. 乙醇　乙醇是醇类消毒剂的一种，是医学上最常用的消毒剂。它可以使细菌蛋白质变性，干扰细菌的新陈代谢，能迅速杀死各种细菌繁殖体和结核杆菌。但任何高浓度醇类都不能杀死芽孢,对病毒和真菌孢子效果也不明显,需长时间应用才能有效。它具有无毒害、无色、无味、用于皮肤易挥发等特点,故临床上常用它做注射部位皮肤消毒、脱碘,器械灭菌,体温计消毒等。

应用:常配成70％～75％乙醇溶液用于注射部位皮肤、人员手指、注射针头及小件医疗器械等消毒。

6. 醛类消毒剂

(1)甲醛溶液　甲醛是一种杀菌力极强的消毒剂,它能有效地杀死各种微生物,包括芽孢,但其杀菌作用非常迟缓,需要长时间才能杀死。

应用:配成5％甲醛酒精溶液,可用于手术部位消毒,10％～30％甲醛溶液可用于治疗蹄叉腐烂。10％～20％甲醛,可做喷雾、浸泡、熏蒸消毒。

(2)戊二醛　戊二醛是一种广谱、高效的消毒剂,具有作用快速、刺激性和腐蚀性小、低毒安全、不受有机物影响、水溶液稳定性好、渗透能力强等特点。戊二醛对细菌繁殖体、病毒、结核杆菌、真菌及顽固的芽孢等都有极强的杀灭作用。

应用:2％戊二醛水溶液可用于环境及猪体表的消毒,还可用于熏蒸消毒,因其不宜在物体表面聚合,故效果优于甲醛。

7. 酚类消毒药

(1)甲酚　甲酚对大多数繁殖型细菌有强烈杀毒作用。

应用:10％的溶液可消毒排泄物及废弃的染菌材料,3％～5％的溶液消毒器械、猪舍及其他的物品,2％的溶液可消毒手和皮肤。

(2)复合酚　复合酚对多种细菌和病毒有杀灭作用,是理想的猪舍、场所消毒药。本品不能与碱性消毒药配伍,以免降低其作用。

应用:3.3％的复合酚消毒液用于常规消毒和细菌性疾病的栏舍消毒,1％溶液用于病毒性疾病的猪舍消毒。

8. 氢氧化钠(苛性钠) 氢氧化钠属于碱类消毒药,它能溶解蛋白质,破坏细菌的酶系统和菌体结构,对机体组织细胞有腐蚀作用,本品对细菌繁殖体、芽孢、病毒都有很强的杀灭作用,对寄生虫卵也有杀灭作用。

应用:常配成2%热溶液用于病毒和细菌及弓形虫污染的猪舍、食槽和车轮等消毒。5%溶液用于炭疽芽孢污染场地消毒,5%溶液还用于腐蚀皮肤赘生物、新生角质等。由于氢氧化钠具有很强的腐蚀性和一定的刺激性,所以不能用于带猪消毒,经过消毒的地面及栏舍在进猪前要用清水冲洗干净。

9. 硼酸 硼酸是酸类消毒药的一种,只有抑菌作用,没有杀菌作用,但刺激性很小,不损伤组织。

应用:常配成2%～4%的溶液,冲洗眼、口腔黏膜等,3%～5%溶液冲洗新鲜创伤。

10. 干粉类消毒剂 又称环境调节剂,如密斯陀等。可用于净化猪舍的空气,消除潮湿,覆盖病毒、细菌,也常用于仔猪出生时的体表干燥及消毒。

表 6-1 为常用消毒剂的特点。

表 6-1 常用消毒剂的特点

消毒剂种类	优 点	缺 点
酚制剂	稳定,价格便宜	易受碱性和有机物影响、有刺激性
氯制剂	方便、广谱	稳定性差、有刺激性
氧化剂类	对真菌和芽孢有效	稳定性差、易挥发
季铵盐类	无臭,低毒,使用方便	对非囊膜病毒效果差;易被吸附降低有效浓度
碘制剂	高效、无毒、广谱	易受碱性、还原物质影响

五、猪场防疫程序的制订

通过免疫疫苗的形式,提高特异性抵抗力,达到预防疾病的目的,在所有的防病措施中是成本最低的;但并不是接种了疫苗之后,某种疾病就肯定不会发生,疫苗免疫的效果还受诸多因素影响;目前建议的通用免疫程序,不一定适应于每个猪场的实际情况,制订适合本场的免疫程序,需要根据本场疫病实际情况,考虑当地疫病流行特点,结合猪群种类、年龄、饲养管理、母源抗体干扰及疫苗类型、免疫途径等各方面的因素和免疫监测结果等。

(一)制定防疫程序的原则

制订免疫程序前,应先考虑免疫谱的制订,即应免疫何种疾病及其疫苗。

1. 免疫谱的制订

(1)必需免疫谱的制订　必需免疫谱指的是危害性广泛,可以用疫苗预防的疾病。此种疾病对养猪业危害巨大,但可通过疫苗来预防,它是强制性的免疫,如猪瘟、口蹄疫、伪狂犬病等。

(2)非必需免疫谱的制订　非必需免疫谱是必须免疫谱之外的疾病。这类疾病呈地方性流行或散发,疫苗接种保护率不高,可通过改善环境、加强管理、实行猪群同化等措施来控制。这类疾病的免疫应根据猪场所在地的疾病流行情况、疾病的危害性等来制定,应优先考虑病毒病,能通过加强管理与应用药物控制的疾病,可免去接种。

2. 免疫程序的制订原则

(1)母猪免疫程序制订原则　母猪免疫程序的制订应考虑:①保障其繁殖性能不受伤害;保障母猪身体健康,免受疫病的侵害。因此,母猪在初配前的 1 个月,所有的免疫必须完成,包括加强免疫。②根据某些疾病致母猪发病的特点,来考虑免疫时间,如细小病毒只使头胎猪发病,因此其免疫程序最多做到第二胎。③为了预防仔猪疾病而添加的免疫,如大肠杆菌疫苗、腹泻疫苗等,应于妊娠后期免疫,以保证初乳中抗体的有效效价。

(2)商品猪免疫程序的制订原则　由于商品猪生存期短,因此,除必需免疫谱外,非必需免疫谱应根据猪场疾病的压力状况,考虑免疫1～2种疫苗,如链球菌、副猪嗜血杆菌等。种猪场为了清除某种疾病,商品猪也必须免疫,如伪狂犬病等。

(3)针对某种疾病制订免疫程序时应考虑的主要因素

①抗体水平　猪体内存在的抗体来源可分为2类:一类是通过母猪获得的母源抗体;另一类是通过后天免疫产生的抗体。母源抗体在体内存在的时间较短,但在免疫中起着重要作用。动物体内的抗体水平与免疫效果有直接关系,在动物体内抗体能中和接种的疫苗,动物体内抗体水平高时接种疫苗往往不会产生理想的免疫力。因此免疫应选择在抗体水平降低到临界线时进行,科学的免疫程序应该是在对抗体水平进行检测的基础上进行的。比如,根据猪瘟母源抗体下降规律,建议一般猪场20～25日龄实施首免。对于猪瘟发病严重的场,这种免疫程序显然不能有效防病。因此,建议超前免疫,仔猪刚出生接种猪瘟疫苗,等2小时之后再吃初乳。

②不同疫苗之间的干扰与接种时间的科学安排　短期内免疫不同种疫苗,会产生干扰作用。不能随意将两种疫苗混合使用,因为有些疫苗间存在干扰作用,会导致免疫效果降低甚至失败。比如,免疫猪伪狂犬弱毒疫苗时必须与猪瘟免疫间隔1周以上。蓝耳活疫苗对猪瘟的免疫也有干扰作用,因此需要间隔一段时间,再进行另一种疫苗的免疫,以保证免疫效果。各种疫苗的免疫期及产生免疫力的时间是不相同的,要合理安排免疫时间,避免干扰现象。

③选择合适的免疫时机　最佳免疫时机应在该疫病发病流行前1～2个月进行免疫接种,使疫病流行时节,猪群的抗体水平达到最高。

有些疾病的流行具有一定的季节性。比如,夏季流行乙型脑炎,秋、冬季流行传染性胃肠炎和流行性腹泻。因此,要把握适宜的免疫时机。需要特别指出的是:在免疫接种后,如果猪场短期内感染了病毒,由于抗原(疫苗)竞争,机体对感染病毒不产生免疫应答,这时的发病情况有可能比不接种疫苗时还要严重。

④选择合适的疫苗　首先要了解病原有无型别差异,若有则须用当时流行的血清型或使用多价苗,因为有些病原不同的型或亚型之间没有或仅有部分交叉免疫力。疫苗注射一定时间之后应检测抗体水平,以检验所使用疫苗的质量。

(二)影响疫苗接种效果的因素

1. 免疫途径　同种疫苗采用不同的途径免疫所获得的效果不同。合理的免疫途径能刺激机体快速产生免疫应答,相反可能导致免疫失败并造成不良反应。应根据疫苗的类型、疫病特点来选择免疫途径。例如,灭活苗、类毒素和亚单位疫苗一般采用肌内注射;有的猪气喘病弱毒冻干苗采用胸腔接种;伪狂犬病基因缺失苗对仔猪滴鼻效果更好,既可建立免疫屏障又可避免母源抗体的干扰;接种腹泻苗,最好是交巢穴注射;副伤寒疫苗最好口服;猪布鲁氏菌活疫苗应皮下注射。

2. 疫苗的贮存、解冻　疫苗为特种兽药,应由专人采购、运输和保管。疫苗购回后,应按说明冷藏或冷冻保存。进行疫苗接种时,灭活苗从冰箱取出后,恢复至室温再进行免疫接种。冻干苗也应恢复至稀释液相同温度时,才能稀释接种。稀释过程中,疫苗瓶如有失真空的现象,应禁止使用。稀释后的疫苗应在2小时内用完。

3. 免疫时猪群的状况 ①疫苗接种前应详细了解被接种猪的健康状况，凡瘦弱、有病的猪不宜免疫注射。②有混群、转群等饲养管理应激的猪不宜免疫注射。③气温骤变时应停止接种。高温时可选择早上接种，严寒时可选择中午接种。应避免饲喂时接种。④在免疫接种时，如出现猪的急性呼吸困难、心跳加快、口吐白沫、全身皮肤和黏膜发绀、后肢站立不稳、摇摆、频频排尿、排粪等即为过敏反应，应立即进行药物治疗，并配合人工呼吸。治疗时可同时肌内注射肾上腺素和地塞米松（妊娠母猪慎用），地塞米松用量为：初生仔猪 3 毫克，体重 5 千克猪 5 毫克，10 千克猪 10 毫克，25 千克猪 15 毫克，50 千克猪 20 毫克，种猪为 30 毫克。肾上腺素用量为：初生仔猪 0.2 毫升，体重 5 千克猪 0.3 毫升，10 千克猪 0.5 毫升，25 千克猪 1 毫升，50 千克猪 2 毫升，种猪为 3 毫升。注射药物后，对于严重过敏的休克猪，可进行心肺复苏，将猪右侧卧，右手放于左手上，用手对猪的胸部左侧部位进行有节奏的按压后立即放手，稍等片刻再按压，每分钟 100 次左右，连续 2～5 分钟，直到猪能哼出声、恢复呼吸为止。⑤注射疫苗后，猪的注射部位若出现局部红肿、化脓现象，应重新免疫。

4. 免疫注射的操作细节 免疫注射的操作细节对免疫效果影响很大。

(1)猪的保定 种猪接种疫苗时应保定好，以防出现"飞针"现象。处于限位栏和产床上的母猪可用左手食指和中指按住要注射的部位，待猪稳定后，再行注射。大圈中的种猪可关入限位栏进行注射。肥育猪可用长板拦住，不运动时再进行注射。对仔猪注射时应 2 人操作，一人抓稳或抱住仔猪、一人免疫。

(2)注射部位

①肌内注射 注射点位于耳后近耳根的最高点松软皱褶和绷紧皮肤的交界处。

②皮下注射 于耳窝的软皮肤下部，用一只手的大拇指和无

名指提起皮肤的皱褶,以一定的角度刺入针头即可。

③胸腔注射 于猪右侧胸腔倒数第六肋骨至肩胛骨后缘部位或肩胛骨下缘 2 厘米垂直刺入即可注射,切记不可回针。

④交巢穴注射 于尾根和肛门中间凹陷的小窝部位注射,进针时保持与直肠的平行或斜向上,进针深度按猪龄大小为 0.5～4 厘米。

(3)不同体重猪群的针头长度 肌内注射时,不同体重的猪,针头大小不一样。哺乳仔猪为 10 毫米长的 9 号针头,断奶仔猪为 20 毫米长的 9 号针头,育成、肥育猪为 38 毫米长的 12 号针头,种猪为 45 毫米长的 16 号针头。

(4)注射时的消毒 注射部位用 75%酒精涂拭,待干燥后再注射,每注射 1 头猪换 1 个消毒针头。

5. 免疫前后药物的添加

(1)免疫期间药物的使用 免疫细菌疫苗前后 7 天内,禁用各种抗菌药物;用疫苗前后各 3 天不得使用磺胺类药物,因此类药物能抑制抗原活性,使免疫效果下降。

(2)免疫增强剂的添加 为提高免疫效果,减少免疫应激,可在饲料中添加免疫增强剂,如左旋咪唑、西咪替丁、黄芪多糖等。免疫前饲料中添加左旋咪唑,商品猪每千克体重用量为 50 毫克/千克,种猪为 80 毫克/千克,饲喂 7～10 天;西咪替丁为 200 毫克/千克饲料,饲喂 7～14 天。另外,利用左旋咪唑注射液溶解猪瘟疫苗来提高免疫效价,效果显著。35 日龄仔猪用 5%左旋咪唑注射液 1 毫升,60 日龄为 2 毫升。断奶仔猪用黄芪多糖注射液按 20 毫克/千克体重,连续注射 3 天,然后免疫口蹄疫疫苗,可使效价提高 1 个滴度。

(3)免疫前添加抗应激药物 可提前 2～3 天在饲料或饮水中添加抗应激药物,如强力拜固舒等,以减轻猪的应激反应。

(三)推荐免疫程序

表 6-2,表 6-3 为推荐的免疫程序,仅供参考。

表 6-2　种猪推荐免疫程序

疫苗名称	后备猪	种公猪	种母猪	途　径
猪丹毒	转群时 2 头份			皮下注射
猪肺疫	转群时 3 头份			拌饲料内服
猪　瘟	130 日龄 4 头份	3、9 月份	产后 15 天 4 头份	肌内注射
口蹄疫	140 日龄 3 头份	每年 3 次	产后 22 天 3 毫升	肌内注射
乙　脑	120、160 日龄各 1 头份	4 月份	4 月初 1 头份	肌内注射
细小病毒	180、210 日龄各 2 头份			肌内注射
伪狂犬病	110、200 日龄各 1 头份	每年 3 次	产前 35 天	肌内注射
气喘苗	150 日龄 1 头份			皮下注射
大肠杆菌苗	产前 14 天 1 头份		产前 14 天 1 头份	肌内注射
萎缩性鼻炎			产前 42、21 日龄各 1 头份	肌内注射
驱　虫	配前驱虫	每年 2 次	每年 2 次	肌内注射

表 6-3　商品猪推荐免疫程序

疫苗名称	日　龄	剂　量	途　径	备　注
气喘苗	7 日龄	2 头份	肌内注射	
猪　瘟	20 日龄	2 头份	肌内注射	
气喘苗	21 日龄	2 头份	皮下注射	
伤　寒	35 日龄	1 头份	口　服	
口蹄疫	45 日龄	2 头份	肌内注射	
猪　瘟	52 日龄	2 头份	肌内注射	
伪狂犬病	60 日龄	1 头份	肌内注射	
口蹄疫	70 日龄	2 头份	肌内注射	
伪狂犬病	80 日龄	1 头份	肌内注射	
口蹄疫	出栏前 1 月	2 头份	肌内注射	

第七章 猪常见病的防治

疾病是制约养猪发展的主要因素之一，猪发病死亡或淘汰后不仅浪费饲料、水电、人力等资源，也是导致二氧化碳大量排放的重要原因，所以控制疾病的发生不仅对养猪效益也会对碳排放产生重要影响。对养猪生产者来说应树立"养重于防、防重于治"的原则。前面几章中已经对如何饲养生猪进行了阐述，本章将叙述猪常见病的防治，侧重于防。

养猪是一个生产过程，由种猪繁殖、仔猪培育和肥育等环节组成一个链条，周而复始。随着规模化养猪的发展、育种水平的提高，猪的生产性能大幅度提高，主要表现为产仔数增加、生长速度加快、瘦肉率提高等。在生产性能提高的同时，猪的各内脏器官、神经、内分泌系统等也随之承受着越来越大的负担，发生疾病的概率也越来越大。因此，预防疾病，应当贯穿于生产的全过程，贯穿于每个环节。

防治猪病最根本的是认真贯彻国务院颁发的《家畜家禽防疫条例》和农业部制定的《家畜家禽防疫条例实施细则》。

一、猪病防治原则

猪病防治原则，主要指预防原则。在养猪生产实践中，预防疾病发生是第一位重要的。我国畜牧业始终贯彻执行"以预防为主，防重于治"的方针。近年来，我们依据规模化猪场的生产实际情况，把营养、饲养管理、环境管理作为防治猪病的前提条件，即"防首先是养，养防结合，以预防为主，防重于治。"

（一）猪病预防原则

在饲料营养全面、环境适宜、管理到位的基础上，生物安全、疫苗免疫、药物预防是猪病预防的三角体系。在第六章中我们已就生物安全和疫苗免疫做了较详细论述，在此章节我们重点讲述药物预防在猪病预防中的作用。

药王孙思邈说："上医治未病之病，中医治将病之病，下医治已病之病。"

药物预防疾病，包括未发病预防用药和发病初始时针对未发病猪群预防用药。两者区别在于，前者为了预防将要发生可预料的疾病，而用药物预防；后者则是在已有个别病例发生，为了防止全群发病，针对已发病的治疗和预防健康猪发病而用药。

未发病预防用药：如夏季预防附红细胞体病、冬季预防呼吸道疾病、妊娠后期预防母猪产后热、产前和产后预防母猪感染仔猪疾病、保育仔猪预防呼吸道疾病等。药物预防运用的恰当可以减少疾病的发生或减轻发病时的症状，进而减少猪的死亡率达到事半功倍的效果。

（二）发生疾病时的处理

1. 初诊　初诊为依据传染病等外观症状特点，如呼吸、排泄粪尿、姿势、运动、食欲、体温及免疫状况等对所患疾病的初步判断。

2. 药物试治　根据初诊试用药物治疗，进一步做药敏试验。

3. 流行病学分析　统计发病头数、发病率、死亡头数、致死率等。

4. 剖检诊断　根据剖检病理变化做出剖检诊断。

5. 化验室诊断　必要时做化验室检验，做出准确的诊断。

6. 病猪处理 根据情况决定扑杀或隔离治疗。

7. 紧急免疫接种 在诊断有可能是重要传染病或周边发生时,根据病别和本场免疫状况,确定是否紧急免疫。

(三)猪病治疗原则

1. 危害性原则 对于危害公共卫生,危及人的健康的重大传染病,严格按照《条例》和《实施细则》办理。

对于重要传染病病例其存在的危害性大于自身存在的价值,果断补杀、淘汰、封锁,消毒相关猪舍、场地。

2. 价值原则 作为肉食商品,在发生疾病时,治与不治依据病情和治疗经验。不能治愈、无治疗价值者不治;当有一定治疗价值,难以治愈,即使基本治愈,但治愈后成为僵猪,没有再饲养价值的,也不予治疗。

3. 经济原则 按预期疗效、治疗难度、治疗费用高低确定治与不治。参照药物使用说明书结合经验配伍施药,以取得最佳疗效。在保证疗效的前提下参照药物价格选择低价药物。

4. 诊断性治疗原则 在未能确诊时,用几头或按圈将猪分组,选择不同治疗方向或不同治疗方案,根据疗效,决定下一步治疗方案。

二、药物使用原则

在实际生产中应尽量避免使用药物,尽量通过营养、环境调控来减少疾病的发生。在使用药物时首先应遵照《条例》和《实施细则》禁止使用违禁药物,要熟悉药物特性,掌握各类药物之间的协同作用,最大限度地发挥药物在治疗和预防中的作用,并尽可能地减少药物带来的副作用。

（一）药物的特性

1. 药物的适应证和抗菌谱 药物都有其抗菌谱和适应证，要根据临床病状和诊断选择药物，在不能确定诊断时，按临床症状选择具有相同适应证的药物。

2. 药物的半衰期 药物被吸收后，血液中浓度减少一半的时间称为该药的半衰期。随着血液中药物浓度的减小，药效也会减弱，所以在治疗中间隔一定时间应再次给药。半衰期短的药物在体内驻留的时间短，半衰期长的药物在体内驻留的时间长。一般经过 4 个半衰期的时间将有 95% 的药物从体内排出。这就是在屠宰前一定时间禁止使用药物的原因。

3. 细菌对药物的敏感性和耐药性 长期使用某些抗生素，会导致该病原菌产生适应能力，只有加大剂量才能发挥到原来的治疗效果，这种现象就是细菌的耐药性。所以，在治疗及预防中应不断更换使用药物的品种，尽量避免出现细菌的耐药性。另外，为了提高疗效，应对致病菌做药敏试验，找出敏感药物以提高疗效并降低治疗成本。

当前猪场普遍存在的链球菌、多杀性巴氏杆菌、放线杆菌、葡萄球菌、支原体、沙门氏菌与大肠杆菌等对青霉素、链霉素、庆大霉素、卡那霉素、四环素、土霉素、金霉素、红霉素、喹诺酮类及磺胺类、某些头孢类药物的耐药性在不断提高。

2010 年 8 月 11 日，英国权威医学期刊《柳叶刀》称发现一种"超级细菌"，对绝大多数的抗生素不敏感。"超级细菌"主要是肠道杆菌，如克雷伯氏菌、大肠杆菌。产生的原因是人们过度依赖抗生素，长期滥用造成的。

4. 药物的毒性 俗话说得好，是药三分毒，药物被吸收后，通过肝脏、肾脏、肺脏、乳腺、汗腺等途径排出。肝脏、肾脏的解毒功能是有限的，所以乱用药、超剂量用药、长时间用药、违背配伍禁忌用药,都会造成肝脏、肾脏等器官的损害,解毒功能受到限制,体内正常代谢产物不能排出,特别是侵入体内的病原虽然被药物杀死,但其残骸不能排出,这些物质对机体来说都是异物,都是有害物质或毒物,毒物不排除,机体表现虽经药物治疗后暂时缓和症状,但还会重新加剧,呈现反弹或越用药死亡越快的现象。

四环素类、磺胺类、卡那霉素、硝基呋喃类、砷制剂,苯丙咪唑及雌激素对人类有致癌作用,磺胺类、两性霉素 B、万古霉素、链霉素及呋喃类等可引发障碍性贫血,孕妇食用含有苯丙咪唑的动物食品,可导致胎儿畸形,脚短和兔唇等。

某些抗生素、易中毒药物具有很强的肝、肾毒性,在临床上,尽量不用或限量使用,在治疗过程中还应当注意使用利尿药、保肝药,补充维生素、电解质,保肝护肾。

5. 滥用抗生素的危害 有些抗生素虽然毒性较低,但长期使用也会对机体产生诸多不利影响,如庆大霉素、卡那霉素、四环素、链霉素、新霉素等,长期使用会严重损害动物机体的免疫功能,抑制细胞和体液免疫,降低机体的免疫力和抗病力。卡那霉素、痢特灵(呋喃唑酮)等药物对猪 B 淋巴细胞的增殖有抑制作用,干扰疫苗的免疫效果,造成免疫失败。

长期大量使用青霉素类药物,可干扰凝血机制而造成出血和中枢神经系统中毒,引起猪的痉挛、粪尿失禁等现象,严重者出现瘫痪。

长期使用链霉素、庆大霉素、卡那霉素、新霉素等,对第八对脑神经和肾脏有损害作用,造成神经—肌肉传导阻滞,引起呼吸麻痹死亡。头孢类、青霉素类、四环素类和磺胺类药物长期使用,还会引起猪肾脏毒性。

抗生素在杀灭病原体的同时,对肌体内的有益菌也有抑制和杀灭作用,造成猪体内菌群微生态失衡,某些条件性病原体大量繁殖,引发机体二重感染。产生耐药菌株,使疾病更加复杂、更加严重。

　　滥用抗生素、药物残留对猪和人的危害日益明显地表现出来，应当引起社会各界的高度重视，必须向危害猪和人健康的抗生素说"不"。

(二)取代抗生素的药物和生物制剂

　　生物制剂药物的种类有很多，并在不断研发出新产品。现应用较多的主要有以下几种。

　　1. 抗菌中药及其制剂　大青叶、板蓝根、穿心莲、柴胡、鱼腥草、金银花、连翘、大黄、夏枯草；清开灵注射液、银黄注射液、双黄连注射液；散剂如清温败毒散、洗心清毒散、防风通圣散、银翘散等。

　　2. 抗菌肽(ABP)　又称微生物肽或肽抗生素，是生物体内的一类小分子肽，具有广谱的抗细菌活性，对多种细菌、真菌和原虫具有杀灭和抵抗能力，还有抗某些病毒、提高免疫力功能。

　　3. 溶菌酶　细菌的代谢产物，为一种特异性作用的水解酶，又称细胞壁溶解酶。广谱抗菌，对各种细菌、真菌、支原体都有抑制或杀灭作用，还能抗某些病毒，提高猪体免疫功能。

　　4. 细菌素　为多种益生菌的代谢产物，是一种具有抗菌作用的蛋白质或多肽，具有广谱抗菌功能，对革兰氏细菌具有强大的杀灭作用，对某些病毒也有抑制作用。如副猪清，是多种副猪嗜血杆菌的细菌素，对副猪嗜血杆菌、链球菌、胸膜肺炎放线杆菌、波氏杆菌、肺炎支原体具有很强的抗感染作用。与疫苗配合使用，能明显增强疫苗的免疫效果。

　　5. 替抗素　是多种益生菌经液体深层发酵后的代谢产物，经特殊组方而成，能释放生物活性物质(活性肽)，具有抑制病原微生物(特别是肠道病原菌)，改善肠道菌群平衡，活化机体免疫细胞，增强免疫力的功能。可完全替代饲料中添加的各种抗生素，是一种天然的微生物饲料添加剂。

6. 排疫肽　本品采用特定抗原,刺激机体产生的特异性高免球蛋白。主要功能:增强免疫力,快速中和或清除体内病原微生物,尤其对猪瘟、圆环病毒、伪狂犬病、蓝耳病等病毒性疾病有很好的预防效果。

7. 乳酸菌　指一群可发酵碳水化合物,主要产物为乳酸的一类无芽孢革兰氏染色阳性的球菌或杆菌。乳酸菌可以直接饲喂动物。乳酸菌分解蛋白质,不产生腐败产物;乳酸菌可在肠道定植,促进营养物质的吸收和利用;调节维持肠道内微生物的平衡,提高动物健康水平,无毒、无耐药性、无残留、无副作用。

乳酸菌合成有机酸、过氧化氢及细菌素,能够持久抑制和杀灭肠道内大肠杆菌、沙门氏菌及梭菌。

乳酸菌及其代谢产物通过刺激肠黏膜淋巴结及腹膜巨噬细胞,激发免疫活性细胞,产生干扰素、特异性抗体和致敏淋巴细胞,调节机体的免疫应答,能增强机体的特异性和非特异性免疫反应,防止病原菌侵入和繁殖,提高机体的抗病能力。

8. 天蚕素抗菌肽　该产品是人工合成并在枯草芽孢杆菌表达的基因工程产物,广谱、无残留、无耐药性。体外抑菌试验证明能有效抑制大肠杆菌、金黄色葡萄球菌、沙门氏菌等有害菌。

试验表明,在断奶仔猪日粮中添加天蚕素抗菌肽,能显著促进生长和提高饲料转化率。

9. 酵母培养物　酵母培养物是让酵母细胞在某种特定发酵工艺控制下产生代谢产物后形成的一种酵母发酵产品。

试验表明,在母猪妊娠后期和哺乳料中使用,能够显著提高母猪产健仔率、哺乳仔猪成活率,极显著提高仔猪断奶窝重。

10. 干扰素(IFN)　干扰素是在特定诱导剂作用下,由特定细胞产生的一种具有高度生物活性的糖蛋白质。

干扰素作用于其他细胞时,使其他细胞立即获得抗病毒、抗肿瘤等多方面的免疫力,增加巨噬细胞的吞噬作用,增强淋巴细胞对靶细胞的特殊细胞毒性,阻止受感染细胞中病毒的复制,呈现广谱抗病毒活性和调节细胞功能。

猪干扰素中 α、β 型耐酸称 Ⅰ 型,γ 型不耐酸称 Ⅱ 型,α 型比 β 型、γ 型的调节作用强数百倍。需注意猪干扰素不能与疫苗同时应用。

11. 白细胞介素Ⅱ　白细胞介素Ⅱ是淋巴细胞产生的一种糖蛋白。用重组技术生产的白细胞介素Ⅱ没有糖基化,与天然品活性相同。

白细胞介素主要参与免疫反应,调节 T 淋巴细胞的生长与分化,刺激机体免疫器官中的杀伤细胞、T 淋巴细胞、肿瘤浸淋巴细胞(TIL)、淋巴因子激活的杀伤细胞(IAK)的增殖。

白细胞介素Ⅱ还刺激 B 细胞的分化,分泌抗体,诱导 γ-干扰素等多种细胞因子的分泌,促进纤维细胞、内皮细胞的生长,促进胶原蛋白的合成和结缔组织的形成,是一种免疫增强剂或干扰素诱导剂,可与疫苗联用,起到协同、保护及增强效应。

(三)药物的使用

1. 综合用药　任何疾病发生都与环境、病原相关,发病以后对机体的生理功能造成损害,所以治疗时应当采取综合治疗方案。例如,治疗大肠杆菌引起的黄痢。首先使用抗大肠杆菌药物;其次,视脱水情况补液。

临床应用 2 种或更多药物配伍,2 种注射液联合使用要注意配伍禁忌,仔细阅读药物使用说明书。

2. 标本兼治　标是发病猪的外表症状,本是导致发病的病原。在治疗中,如果只治本不治标,可能在消除病因之前,症状愈来愈重,机体受到严重损伤而死亡;如果仅治标,不治本,症状虽然可能缓解,但病因没有消除,由于病因持续侵害,使病情越来越重,越难治愈。例如,猪传染性胸膜肺炎,严重气喘症状是"标",放线杆菌是病因,是"本"。如果只对"本"放线杆菌用药,在放线杆菌被灭杀前,猪可能因缺氧严重、呼吸困难而死亡,如果只对"标"气喘用药,气喘可能得到缓解,由于放线杆菌没有消除,肺脏的病变越来越严重,渐渐失去功能,终归死亡。治疗传染性胸膜肺炎,即要用抗生素抑杀放线杆菌,又要用平喘药止喘,标本兼治。

3. 治防结合 "治"是治疗已经发生疾病的猪,"防"是为了防止可能发生的继发病,防止其他健康猪群发病而使用的"群防群治"用药。常用的方法是饲料中拌药或在饮水中加入药物,这就是治"将病之病"。

群防群治选药:所选药物的生产厂家,要有一定的知名度,所选药物疗效与诊断疾病的适应证一定要相符,选择复方制剂、成药或中成药,一般不使用原料药。

群防用药治"未病",对养猪生产就是预防可能发生的重大疾病。群防群治要评估用药的必要性、经济性,如果预期投药没有明显效果,不投药也没有明显问题,也就是用药与不用药一个样,那就没有必要性,则不用全群投预防药。

4. 把握使用剂量、按疗程用药 许多猪场用药随意,剂量掌握不准,不按疗程用药,影响了治疗效果,并造成了不必要的损失。用药剂量一般按体重计算,体重乘以每千克体重用药即为一次的用药剂量;一般注射用药 3～5 天为 1 个疗程,饲料拌药 5～7 天为1 个疗程,第一次用药需加倍。

猪常用抗生素和抗寄生虫药的休药期见表 7-1。常用药物配伍见表 7-2。

第七章 猪常见病的防治

表 7-1 猪常用抗生素和抗寄生虫药的休药期

药物名称	用 法	休药期（天）
硫酸庆大霉素	肌内注射 口服	40 3～10
硫酸新霉素	口服（拌料或混饮）	3
盐酸林可—壮观	拌料、饮水、注射	5
硫酸安普霉素	拌料、混饮	21
长效土霉素	注射剂	28
盐酸四环素	口 服	5
盐酸金霉素	口 服	5
强力霉素	口 服	5
氟苯尼考	口服、肌内注射	30
诺氟沙星	口服、肌内注射	8～10
恩诺沙星	口服、肌内注射	8～10
甲磺酸达诺沙星	肌内注射	25
喹乙醇	混 饲	35
吉他霉素（北里）	混 饲	7
酒石酸北里霉素	混饲、饮水	7
泰乐菌素	肌内注射	14
酒石酸泰乐菌素	肌内注射	14
磷酸替米考星	混 饲	14
支原净	混饲、饮水	7

续表 7-1

药物名称	用　法	休药期(天)
硫酸黏杆菌素	混饲、饮水	7
盐酸林可霉素	肌内注射、饮水	2～5
泰乐磺胺二甲	混　饲	15
磺胺氯哒秦钠	混　饲	3
氯苯咪唑	混　饲	14
盐酸左旋咪唑	内　服	3
盐酸左旋咪唑	皮下、肌内注射	28
伊维菌素	皮下注射	18
伊维菌素	混　饲	5
双甲脒	喷洒、涂擦	7
甲硝唑	内　服	3
阿维菌素	皮下注射	18
阿维菌素	混　饲	5
磺胺嘧啶钠	注射液	10
磺胺二甲嘧啶	混　饲	15

表 7-2 常见药物配伍

类 别	药 物	配伍药物	结 果
青霉素类	氨苄西林钠、阿莫西林、青霉素 G 钾	链霉素、新霉素、多黏菌素、喹诺酮类、庆大霉素、卡那霉素	疗效增强
		替米考星、盐酸多西环素（强力霉素）、氟苯尼考	疗效降低
		维生素 C-多聚磷酸酯	沉淀、分解失效
		氨茶碱、磺胺类	沉淀、分解失效
头孢类	头孢拉定 头孢氨苄	硫酸新霉素、庆大霉素、喹诺酮类、硫酸黏杆菌素	疗效增强
		氨茶碱、维生素 C、磺胺类、盐酸多西环素、氟苯尼考	沉淀、分解失效、疗效降低
氨基糖苷类	硫酸新霉素、庆大霉素、卡那霉素、链霉素	氨苄西林钠、头孢拉定、头孢氨苄、盐酸多西环素、TMP	疗效增强
		维生素 C	抗菌减弱
大环内酯类	硫氰酸红霉素、替米考星	庆大霉素、硫酸新霉素、氟苯尼考	疗效增强
		林可霉素	疗效降低
		磺胺类、氨茶碱	毒性增强
		氯化钠、氯化钙	沉淀、析出游离
多黏菌素类	硫酸黏杆菌素	盐酸多西环素、氟苯尼考、头孢氨苄、替米考星、喹诺酮类	疗效增强
		硫酸阿托品、头孢类、硫酸新霉素、庆大霉素	毒性增强

续表 7-2

类　别	药　物	配伍药物	结　果
四环素类	盐酸多西环素（强力霉素）、金霉素	同类药物及泰乐菌素、泰妙菌素、TMP	增强疗效（减少使用量）
		氨茶碱	分解失效
氯霉素类	氟苯尼考	硫酸新霉素、盐酸多西环素、硫酸黏杆菌	疗效增强
		氨苄西林钠、头孢拉定、头孢氨苄	疗效降低
		喹诺酮类、磺胺类	毒性增强
		叶酸、维生素 B_{12}	抑制红细胞生成
茶碱类	氨茶碱	维生素 C、盐酸多西环素、盐酸肾上腺素等酸性药物	浑浊分解失效
		喹诺酮类	疗效降低
抗球虫药	氨丙啉、二甲硫胺	维生素 B_1	疗效降低
	莫能菌素或马杜霉素或盐霉素	泰妙菌素、竹桃霉素	抑制动物生长，甚至中毒死亡
喹诺酮类	诺氟沙星、环丙沙星、恩诺沙星	头孢拉定、头孢氨苄、氨苄西林、链霉素、硫酸新霉素、庆大霉素、磺胺类	疗效增强
		四环素、盐酸多西环素、氟苯尼考	疗效降低
		氨茶碱	析出沉淀
		金属阳离子（Ga^{2+}、Mg^{2+}、Fe^{2+}、Al^{3+}）	形成不溶性络合物

续表 7-2

类　别	药　物	配伍药物	结　果
林可胺类	盐酸林可霉素	甲硝唑	疗效增强
		替米考星	疗效降低
		磺胺类、氨茶碱	浑浊、失效
影响组织代谢药	维生素 B$_1$	生物碱、碱性药液	沉　淀
		氧化剂、还原剂	分解、失效
		氨苄青霉素、头孢类、多黏菌素	破坏、失效
	维生素 B$_2$	碱性药液	破坏、失效
		氨苄青霉素、头孢类、多黏菌素、四环素、金霉素、土霉素、红霉素、硫酸新霉素、链霉素、卡那霉素、林可霉素	破坏、灭活
	维生素 C	氧化剂	破坏、失效
		碱性药液	氧化、失效
		钙制剂溶液	沉　淀
		氨苄青霉素、头孢类、四环素、金霉素、土霉素、红霉素、硫酸新霉素、链霉素、卡那霉素、林可霉素、盐酸多西环素	破坏、灭活
	氯化钙	碳酸氢钠、碳酸钠溶液	沉　淀
	葡萄糖酸钙	碳酸氢钠、碳酸钠溶液、水杨酸盐、苯甲酸盐溶液	沉　淀

三、繁殖障碍疾病防治

母猪繁殖障碍疾病是造成养猪生产指标低下、养猪者经济效益差的主要疾病之一，妊娠母猪流产，产死胎、木乃伊胎、弱胎、畸形胎，产仔少，母猪三联症，断奶后不发情，配种率低，广义的母猪繁殖疾病还包括产前产后便秘、贫血，产前母猪乳房水肿，母猪产程过长等影响母猪繁殖性能，导致母猪、仔猪疾病多，仔猪死亡率高、断奶体重小为特征的一类疾病。母猪患有繁殖障碍疾病淘汰率极高，是造成养猪业经济损失巨大的综合性疾病之一。

（一）猪细小病毒病

细小病毒病是一种导致易感母猪发生繁殖障碍的重要疾病。

1. 病原　猪细小病毒病的病原是猪细小病毒（PPV）。猪是唯一易感动物。

2. 流行特点　在大多数猪场呈地方性流行，猪群感染后很难净化，该病毒对外界理化因素具有很强的抵抗力。不同年龄、性别和品系的猪均可感染，感染后终生带毒。初产母猪和血清学阴性经产母猪感染后发生流产、产死胎、畸形胎、木乃伊胎、弱仔及屡配不孕，而其他年龄的猪感染后不表现明显的临床症状。

病毒可通过多种途径，如消化道、呼吸道、公猪精液、母猪胎盘及接触传播。

3. 主要症状　本病引起的母猪繁殖障碍与妊娠阶段相关。在母猪妊娠 30 天内感染，主要导致胚胎死亡、重吸收；在母猪妊娠 30～50 天感染，主要表现为胎儿木乃伊化；妊娠 50～60 天感染，主要发生流产、产死胎；母猪妊娠 70 天后感染，一般不引起病害。

妊娠母猪流产、胎儿死亡并被重吸收后，腹围缩小。有的表现返情，屡配不孕。有的表现妊娠期延长，临床诊断多见不产仔或产出不同胎龄死亡的木乃伊胎。

4. 防治 对后备公、母猪免疫是目前通用且行之有效的方法,常用疫苗为灭活疫苗。一般免疫 2 次,间隔为 3～4 周。免疫时间多在配种前 2 个月。

生产实践中,对母猪产第一胎后再强化免疫 1 次,能减少木乃伊胎。

PPV 可以与猪圆环病毒 2 型混合感染,发生仔猪的多系统衰竭综合征。因此,做好细小病毒病的综合防制,意义更加重大。

(二)猪伪狂犬病

伪狂犬病是由伪狂犬病毒引起的猪和多种家畜及野生动物的一种急性传染病。

1. 病原 为伪狂犬病毒(PRV)。不同的毒株致病力存在差异。伪狂犬病是多种家畜和野生动物共患传染病。

2. 流行特点 空气传播是伪狂犬病毒的最主要传播途径。在猪场主要通过已感染猪排毒传染,工作人员和器具在传播中起着重要作用。在猪群中,病毒主要通过鼻分泌物传播,乳汁和精液也是传播方式之一。本病流行没有严格的季节性,以寒冷季节多发。

3. 主要症状 猪伪狂犬病的临床症状取决于感染病毒的毒力和感染量,以及感染猪的年龄和所处的生理阶段。

(1)新生仔猪发病 出生时健康,第二天起开始发病,3～5 天内是死亡高峰,有的整窝死亡;15 日龄仔猪发病,病情严重,发病死亡率可达 100%;断奶仔猪发病率 20%～40%,病死率 10%～20%。

(2)乳仔猪发病 发热,发病初期体温可升至 40.5℃。耳郭、胸背、腹下皮肤有褐红色体液渗出,干涸后留下褐红色斑点。

①呼吸道炎症 打喷嚏,鼻孔中流出清白色鼻液,随着病情的

加重,发生肺炎、呼吸困难、腹式呼吸。

②消化道炎症 有的呕吐,多数腹泻,常排出淡黄色糊状或水样稀便,抗生素类药物治疗效果不佳。

③神经症状 病猪可出现多种形式的神经症状和运动障碍。如转圈,呆立,头颈歪斜呈望天观星状,抽搐痉挛,四肢运动不协调,还可出现前、后肢趾关节向后翻转不能站立,发生在前肢时跪地行走,发生在后肢时后躯拖地。

④皮肤脉管坏死 最多见和最易检查到的是腹下肚脐后部皮肤出现青蓝色斑点。斑点大小如小米粒大至高粱粒大,严重的病例在胸前肘后也能见到青蓝色斑点。同一头病猪各部位的斑点大小相近,色泽一致,密密麻麻,分布均匀。病猪的耳面也有隐约可见的青蓝色斑点,多见耳面青蓝色。在发病时间较长的病例中,可见全身皮肤呈现苍白色,如同贫血一般,这是全身皮肤脉管坏死的表现。皮肤脉管坏死还表现在乳头基部发生青蓝色斑块。斑块大于高粱粒,斑块多发生在最后 2 对乳头的基部。

皮肤脉管坏死是乳仔猪伪狂犬病的特有症状,在临床诊断中具有指征性意义。根据这一特征症状,能够简捷、及早、准确地做出临诊诊断,采取相应措施控制疾病。

(3)肥育猪 感染后症状轻微,常表现生长缓慢,饲料报酬下降,猪体表苍白。

(4)妊娠母猪 可发生流产,产木乃伊胎或死胎,其中以死胎为主。

伪狂犬病还表现为种猪不育症。猪场暴发伪狂犬病后,紧接着可能出现母猪返情率高达 90%,屡配不孕。

(5)公猪 感染伪狂犬病毒后,少数猪表现睾丸肿胀、萎缩,丧失种用价值。

4. 主要病理变化 肾脏有针尖样出血点,也有麻雀蛋样出血斑。胃肠道卡他性炎症。中枢神经症状明显时,脑膜明显充血,脑脊髓液过多。肝脏、脾脏常见灰白色坏死灶,与皮肤脉管青蓝色斑点对应的皮下脉管呈蓝色。

5. 防治 高免血清可降低死亡率。预防的根本措施是疫苗免疫。免疫方法:仔猪 3 日龄内滴鼻,每猪 0.5 头份。在 4～6 周龄肌内注射免疫。有研究建议,肌内注射免疫后,做第二次肌内注射免疫。后备种猪在使用前免疫;经产母猪采用每年 3～4 次免疫。

在猪场免疫伪狂犬疫苗后,常出现一窝仔猪中有 1～2 头发病的现象,或出现伪狂犬疫情时,用基因缺失苗紧急免疫,达到临床康复。

(三)猪繁殖与呼吸综合征

猪繁殖与呼吸综合征是猪的一种以妊娠母猪的繁殖障碍(流产、死胎、木乃伊胎、弱仔)、各年龄的猪特别是仔猪的呼吸道疾病为特征的高度传染性疾病,俗称蓝耳病。

1. 病原 病原为猪繁殖与呼吸综合征病毒(PRRSV)。

2. 流行特点 PRRSV 只感染猪,各种品种、不同年龄和用途的猪都可感染,以妊娠母猪和 1 月龄内的仔猪最易感。

PRRSV 的主要传播途径是接触感染、空气传播和精液传播,也可通过胎盘垂直传播。易感猪可经口、鼻腔、肌肉、腹腔、静脉等多种途径感染,易感猪与 PRRSV 污染的器械接触可受到感染。

3. 主要症状

(1)急性型 发病母猪主要表现为精神沉郁、食欲不振、发热,出现程度不同的呼吸困难。妊娠后期(105～107 天)母猪发生流产、早产,产死胎、木乃伊胎、弱仔。母猪流产率达 50％～70％。新生仔猪表现呼吸困难、运动失调,产后 1 周内死亡率明显增高。

哺乳仔猪表现典型的呼吸道症状,呼吸困难;体温高至 40℃以上,食欲减退或废绝,腹泻,渐进性消瘦;眼睑水肿,部分仔猪耳部、体表发紫。仔猪断奶死亡率 10%～25%。

流产胎儿及死胎肚脐眼与肚脐眼周围呈大红色至深红色,严重出血;腹部皮下水肿,皮下有暗红色胶冻样浸润。

生长肥育猪表现轻度的呼吸症状,如咳嗽。

公猪精液的品质下降,畸形精子增多,精液可带毒。

(2)慢性型 这是目前规模化猪场蓝耳病的主要流行形式。主要表现为猪群的生产性能下降,生长缓慢。母猪群的繁殖性能下降,猪群的免疫力下降,易继发其他细菌和病毒性疾病。猪群的呼吸道疾病(如支原体肺炎、传染性胸膜肺炎、链球菌病)发病率上升。

4. 主要病理变化 淋巴结轻度或中度水肿,肺脏轻度至严重的间质型肺炎。

流产胎儿肾囊呈黑红色,切开肾囊流出多量黑红色液体,肾肿大成黑红色,切开包膜,肾软如泥,稍触即碎;肺肿大,手按不塌陷如橡皮,肺小叶间质明显增宽,呈树枝状分布在黄红色斑驳的底色上,也称"橡皮肺"和"斑驳肺"。

继发感染时出现相应的病理变化,如心包炎、胸膜炎、腹膜炎及脑膜炎等。

5. 防治 猪繁殖与呼吸综合征是世界养猪业的一大难题,需做好综合防制,重点是免疫。

蓝耳病疫苗适合具有蓝耳病威胁或疫病压力大的猪场接种母猪和仔猪。做好猪瘟、伪狂犬病和气喘病的疫苗免疫。预防细菌性疾病继发感染,如副猪嗜血杆菌、链球菌、沙门氏菌、巴氏杆菌、附红细胞体病等。

综合预防措施如下。

(1)封群 对猪群进行封群 200 天以上,封群期间,不从场外引种,本场最好暂时不留后备母猪,不同规模场封群 4～11 个月。

(2)后备母猪严格驯化 基础母猪群稳定以后,仔猪群不稳定,很多情况下,是因为后备母猪没有经过严格驯化。无论采用何种方法,后备母猪在配种前要通过主动感染、主动产生针对本场毒株的特异性免疫力和度过排毒期这3个阶段。

(3)严格生物安全措施 不引进新的毒株并阻断猪群内传播。如果不引进新的蓝耳病毒株,种猪群感染过后较长时间内都会保持稳定,尽量杜绝一切新的毒株传染种猪群。

许多种猪群感染稳定以后,多在保育猪中后期及肥育阶段感染,要阻断猪群内蓝耳病的传播,最有效的是清群,其次才是多点生产、全进全出以及控制日常生物安全操作等。

附:高致病性蓝耳病

2006年夏、秋之交,我国部分地区发生的"高热病"疫情,通过有关单位开展流行病学调查、病原分离、动物实验,发现了高致病性蓝耳病变异毒毒,证实"高热病"主要为该病毒引起。

临床症状:体温明显升高,可达41℃以上,眼结膜炎、眼睑水肿。咳嗽、气喘等呼吸道症状明显,部分猪后躯无力,不能站立或出现共济失调等神经症状,部分猪还出现腹泻症状。仔猪发病率可达100%,死亡率可达50%以上,妊娠母猪流产率可达30%以上,成年肥育猪也可发病死亡。

病理变化:可见脾脏边缘或表面出现梗死灶,肾脏土黄色,表面可见针尖至小米粒大出血点、斑;扁桃体、心脏、膀胱、肝脏和肠道均可见出血点和出血斑;部分病例可见胃肠道出血、溃疡、坏死。

防治原则:提高饲料的营养水平,通过饮水补充维生素、电解质、葡萄糖等。合理使用免疫促进剂,增强免疫效果,提高免疫力。消除引起免疫抑制的因素,如精选玉米使用脱霉剂。预防免疫抑制疾病,如猪瘟、流感、气喘病、圆环病毒2型感染、传染性胸膜肺炎。合理使用生物制剂。

（四）猪圆环病毒 2 型感染

猪圆环病毒 2 型感染是由猪圆环病毒 2 型（PCV2）引起的一系列疾病的总称，包括仔猪断奶后衰竭综合征（PMWS）、猪皮炎肾病综合征（PDNS）、繁殖障碍、肺炎、先天性震颤等。

1. 流行特点 不同年龄、不同品种的猪都可感染，PCV2 可在猪群中水平传播，也能通过胎盘垂直传播。PMWS 主要发生在 5～12 周龄的保育仔猪，常由于副猪嗜血杆菌的继发感染，使死亡率大大增高。PDNS 主要发生在保育和生长肥育猪，呈散发，死亡率低。

2. 主要症状 PMWS 确诊需要 1 头猪或 1 群猪有一组特征性的临床症状和显微病理损害。其临床表现有：消瘦、生长不良或停滞、呼吸困难、淋巴结肿大、腹泻、苍白、黄疸、发热、胃溃疡、中枢神经障碍和突然死亡。其中有些症状可能与继发感染有关。但 1 头猪，常不会全部表现出这些症状，主要从群体的角度去观察。

PDNS 主要在皮肤形成紫红色斑，呈圆形，常融合成大的斑块，出现在后肢、腹部及耳部。肾脏主要病变为肿大至高度肿大，色灰白。繁殖障碍表现为流产、产死胎、木乃伊胎和弱仔等。肺炎是 PCV2 感染的一个重要症状。PCV2 能进入猪的脑脊髓组织，引起新生仔猪先天性震颤。

3. 防治 至今 PCV2 引起相关猪病的机制尚未完全了解，因此还不能完全依赖特异性防制措施（疫苗免疫），只有同时开展有效的综合性措施，才能收到事半功倍的效果。

做好 PRRSV 弱毒疫苗及气喘病疫苗的接种对预防 PCV2 有关键作用，加强管理，关键是全进全出，坚持空栏、清洗和消毒制度。限制交叉哺乳，如果确实需要也应限制在分娩后 24 小时之内。断奶期（保育期）一窝一圈，不混群，猪圈壁式分隔。改善空气质量和温度，特别是在冬季，断奶后第一周温度控制在 27℃ 以上。

保育期尽量减少疫苗注射及其他应激。

(五)猪流行性乙型脑炎

猪流行性乙型脑炎是人兽共患传染病,感染后妊娠母猪发生流产、产木乃伊胎、死胎,公猪发生睾丸炎,仔猪发生脑炎。

1. 病原 猪流行性乙型脑炎的病原为日本乙型脑炎病毒。

2. 流行特点 猪是乙型脑炎病毒的易感动物,不分品种和性别。猪流行性乙型脑炎由带毒的蚊虫叮咬后引起感染。流行时间与蚊虫的繁殖季节同步。

3. 主要症病 患病妊娠母猪流产前无明显症状,有的发热和轻度减食。流产后食欲、体温恢复正常。流产的胎龄与感染时间相关,同一时间段发生感染的胚胎胎龄不相同,所以流产胎儿的大小不一,小的如指头,大的如正常分娩的胎儿,伴有不同胎龄的木乃伊胎儿。正常分娩时,有的胎儿外观正常,但不能站立,不会吸乳,有的出现癫痫样神经症状死亡,有的能存活几天,后肢出现麻痹或抽搐后死亡。同一窝中有的仔猪哺乳正常、生长良好。流产后母猪可再发情配种。

患病公猪初始发热、食欲减退,然后主要表现睾丸炎,单侧或双侧肿大,阴囊皮肤的皱襞消失、发亮,触摸有热感。肿胀可渐渐消退,恢复正常状态的还能配种。有的则萎缩,失去产生精子的功能。发病公猪性欲下降,射精量减少,精液稀薄,活力降低,畸形精子比例增加,甚至出现全部为死精子或无精子、血精等异常状况。

仔猪主要表现为脑膜炎引起的神经紊乱,有的兼有运动障碍。

4. 防治 注射疫苗是最有效的预防方法,在蚊虫到来之前免疫。在蚊子危害期较长的地区,可加强免疫1次。

夏季晚上用药物驱蚊,有的猪场在饲料中拌入维生素 B_1,利用其气味驱散蚊子,不致叮咬。

对发生脑炎的仔猪,常用青霉素和磺胺嘧啶钠分别注射治疗,有明显效果。

（六）猪　瘟

猪瘟（HC）是一种流行广泛、发病率和病死率均高的高度接触性传染病。

1. 病原　猪瘟的病原为猪瘟病毒（HCV），人不感染猪瘟。

2. 流行特点　高毒力毒株病毒引起的猪瘟，呈高度接触性传染，流行广泛，发病率高，死亡率高，临床症状典型，剖检病理变化明显；低毒力病毒引起慢性感染，慢性感染猪不断排出病毒，感染其他易感猪，临床可引起亚急性猪瘟；隐性带毒公猪可以通过精液感染母猪，隐性带毒母猪通过胎盘垂直感染仔猪，产下的仔猪不断地产毒、排毒，污染环境，感染其他健康猪。有的隐性感染猪被留作种猪，成为新的带毒种猪。

带毒母猪感染胎儿还可造成流产、木乃伊胎、产死胎、弱胎和先天性震颤猪。

由于猪瘟的水平传播与垂直传播在猪群中同时存在，交替或反复发生，造成猪瘟在猪场内的持续传播，猪瘟病情不断发生。

3. 主要症状　猪瘟的临床症状大体分为急性型、亚急性型、慢性型3种类型。

（1）急性型　精神沉郁，食欲锐减或厌食，眼结膜炎、流泪、分泌物增多，有的排出黏脓性鼻液，体温升高达41℃～42℃，稽留不退，扎堆，初期便秘，继而出现严重的黄色糊状或水样腹泻，嗜睡，行走步伐摇晃，后肢麻痹，不能站立；腹部皮肤、耳、鼻端、四肢及全身常有紫红色出血点，逐渐扩大为出血斑，甚至出现坏死区及耳尾的干枯坏死。大多数猪在10～20天死亡。

（2）亚急性型和慢性型　亚急性型猪瘟和急性型相似，但症状轻微，并在30天内死亡。30天以上死亡的称慢性猪瘟。亚急性和慢性型病猪初期表现厌食、沉郁、体温升高，然后表现体温下降接近正常,食欲、精神可有明显的好转,成为"僵猪",或再继续恶化死亡。

母猪带毒可垂直传播,造成胎儿感染猪瘟,发生流产、产死胎、木乃伊胎儿或产出弱仔、先天性震颤猪。在外观正常的仔猪中,有的是带毒仔猪,可不表现临床病状,但可产生免疫抑制现象,在免疫猪瘟疫苗后,抗体不能达到应有的水平。

4. 主要病理变化

(1)急性型和亚急性型　以实质器官多发性出血为特征。常见有淋巴结肿大出血,呈大理石状或红黑色外观;肾脏表面针尖样出血点,或大小不一的出血点;脾脏边缘出现梗死灶;胃肠道出血;心肌及肺出血;全身浆膜、黏膜有出血(喉头黏膜、会厌软骨、膀胱黏膜、心外膜、肠浆膜)。

(2)慢性型　有的出血症状表现为陈旧,多数不明显,较常见的是盲肠、结肠出现纽扣状溃疡,肋软骨发生钙化沉积而变形,肋骨与软骨接合处呈现 0.1～0.5 厘米宽的灰黄色沉着带。

先天性感染猪瘟可造成木乃伊胎、死胎和畸形胎。死产和弱仔常表现脱毛、皮下水肿。子宫内感染的仔猪,皮肤常见出血。

5. 防治　强化猪瘟疫苗免疫,严格执行免疫程序和操作规程,为了提高免疫效果,可使用免疫增强剂,如转移因子等。定期检查免疫抗体水平,使猪场的总体抗体水平保持在合格水平以上。控制免疫抑制疾病,如猪流感、蓝耳病、圆环病毒 2 型感染、饲料霉菌毒素污染等。通过猪瘟病毒抗原监测,淘汰阳性母猪、种公猪,可控制垂直传播、控制母猪带毒传播,进而控制猪瘟病毒引起的流产、产死胎,达到净化的状态。

(七)弓形虫病

弓形虫病是一种引起猪发热并导致妊娠母猪发生流产的原虫病。

1. 病原　猪弓形虫病的病原为龚地弓形虫。弓形虫病是人兽共患传染病。

2. 流行特点 人、畜、禽和许多野生动物均易感染，猪是最易感动物之一，猫是弓形虫的终末宿主。由猫排出的卵囊污染饲料、饮水，成为猪感染弓形虫病的重要途径。

猪群暴发弓形虫病可使全群发病，病死率高达60％以上。

3. 主要症状 高热稽留40.5℃～42℃；扎堆、精神沉郁；呼吸困难、急促、腹式呼吸或犬坐式呼吸；鼻流清涕，便秘，尿呈橘黄色，眼有浆液或脓性分泌物。发病数日的仔猪出现后肢麻痹，在耳翼、鼻端、下肢、股内侧等处出现紫红斑，间有点状出血，耳尖发生干性坏死。妊娠母猪发生流产。

4. 主要病理变化 急性病例出现全身性病变，淋巴结、肝、肺、心脏等器官肿大，并有许多出血点和坏死灶，肠道重度充血，黏膜有豆粒大的坏死灶。慢性病例可见有各脏器的水肿和散在的坏死灶。

5. 防治 磺胺类药物加磺胺增效剂治疗有特效。控制猫、鼠、鸟类对饲料的污染，该病多发在夏、秋季，通过饲料中添加磺胺类药物预防。

（八）衣原体病

衣原体病是人兽共患传染病，可引起公猪、妊娠母猪和仔猪不同症状的慢性接触性传染病。

1. 病原 猪衣原体病又称流行性流产，病原为鹦鹉热衣原体。

2. 流行特点 不同品种及年龄的猪均可感染，以妊娠母猪和仔猪最易感。病猪是主要传染源，大多数鸟类的粪便都可携带病原。消化道、呼吸道及交配均可传染。本病无明显季节性，常呈现地方性流行，猪场可暴发。

3. 主要症状 妊娠母猪感染后引起早产、死胎、流产、胎衣不下、木乃伊胎及弱仔。早产多发生在临产前几周（100～104天）及妊娠中期(50~80 天),流产前一般无任何表现,一般体温不升高。早产仔猪部分或全部死亡,活仔体弱、初生重小,吮乳无力,多在出生后 1~2 日死亡。公猪可发生睾丸炎、尿道炎。

流产胎儿胸颈皮肤皮下水肿,呈胶冻样,或皮下广泛出血,心、肺脏、肾脏有点状出血,胎衣可见灰白色坏死灶,坏死灶周围胎衣水肿。

仔猪的病状比较复杂,形式多样。主要有肠炎、多发性关节炎、结膜炎、支气管肺炎。常伴有不同程度的体温升高、食欲废绝、咳嗽、气喘、腹泻、关节肿、跛行及神经症状。

4. 防治　大多数抗生素均有明显疗效和预防作用。四环素类抗生素为首选药物。多西环素 20 毫克/千克肌内注射,同时群体饲服多西环素 300~400 毫克/千克,持续 3 周,另添加 B 族维生素。

发病后应对猪舍清扫、消毒,淘汰可疑病猪。

(九)猪布鲁氏菌病

布鲁氏菌病是人兽共患传染病。猪感染后以妊娠母猪发生流产、胎衣不下;公猪发生睾丸炎为主要特征。

1. 病原　此病病原是布鲁氏菌。

2. 流行特点　病猪和带菌猪是主要传染源。流产母猪可从胎儿、胎衣、羊水、奶、尿、阴道分泌物中大量排出病原菌。患病公猪精液中含有病原菌。

本病主要通过消化道饮水和采食传染,本菌有较强的侵袭力和扩散力,可通过皮肤、黏膜、交配传染。

幼龄猪对本病有一定的抵抗力,性成熟后对本病易感。

3. 主要症状　流产是妊娠母猪的主要病状,流产时间多在妊娠 30~50 天或 80~100 天。流产前母猪精神沉郁,阴唇和乳房肿胀,可见阴门流出黏性红色分泌物。流产的胎儿大多为死胎、木乃伊胎及弱仔,并可能发生胎衣不下和子宫炎。流产后仍可受胎,流产率可达 30%。

公猪主要症状是睾丸炎和附睾炎,表现一侧或两侧无痛性肿大,有的局部有热痛并伴有全身症状,随着病情的发展,有的睾丸发生萎缩、硬化,性欲减退,丧失配种能力。

公、母猪都可发生关节炎,大多发生在后肢,也见于脊柱关节,使病猪后肢麻痹。

4. 防　治

(1)定期检疫　在发病区每年至少检疫 1 次,按照防疫条例处理病猪。

(2)定期免疫　我国用于预防猪布鲁氏菌病的疫苗 S2 弱毒株活疫苗,毒力稳定,使用安全,免疫力好。适合口服或肌内注射。口服每头 200 亿菌,间隔 1 个月再口服 1 次。口服疫苗不受妊娠限制。注射免疫与口服剂量相同,妊娠母猪不可使用注射免疫。

(3)治疗　本病可采用强力霉素加链霉素(或庆大霉素)治疗。另外,应加强定期检查相关人员健康状况,发现患病症状及早治疗。

(十)猪李氏杆菌病

李氏杆菌病是人、畜、禽类共患传染病。猪感染后以仔猪脑炎、妊娠母猪流产为主要特征。

1. 病原　猪李氏杆菌病的病原为单核细胞李氏杆菌。

2. 流行特点　家禽和多种野兽野禽及鼠类是李氏杆菌的储存宿主,患病和带菌动物是主要传染源,带菌的粪、尿、乳汁、精液及眼鼻阴道分泌物污染饲料、饮水,通过消化道、呼吸道、眼结膜、损伤皮肤等途径感染易感猪。幼龄猪和妊娠猪较易感,一般呈散发,无季节性。

3. 主要症状　哺乳仔猪多发生败血型、脑膜炎型和二者混合型。体温升至41℃以上,呼吸困难,皮肤发紫,排尿少。多数病猪表现为脑炎症状,意识障碍、兴奋、共济失调,肌肉震颤,无目的地走动或不由自主地倒退或以头抵地呆立,有的头向后仰,严重的抽搐,有的受到刺激时惊叫,共济失调,有的后躯麻痹,拖地行走。

妊娠母猪感染常发生流产,一般流产发生在妊娠后期。

4. 防治 一般抗生素治疗有效,青霉素、链霉素、庆大霉素、磺胺类等均可使用。预防本病要注重灭鼠和注重环境卫生。

(十一)钩端螺旋体病

钩端螺旋体病是人兽共患的自然疫源性传染病,猪感染后仔猪皮肤和黏膜黄疸、妊娠母猪流产、产弱仔为主要特征。

1. 病原 钩端螺旋体病的病原是致病性钩端螺旋体。

2. 流行特点 我国长江流域和南方较多发。近年来本病发生和流行范围有所增加。猪钩端螺旋体病一般呈隐性感染,猪的带菌率高。各年龄的猪均可感染,仔猪发病较多,特别是哺乳和断奶仔猪发病最严重。

人和猪之间存在着复杂的交互传播。

本病的传播渠道主要有消化道、呼吸道、生殖道黏膜及吸血昆虫叮咬,夏、秋多雨季节为流行高峰期。一般呈散发或地方性流行,有时暴发。

3. 主要症状

(1)急性型 哺乳和断奶的仔猪表现突然发病,体温升到40℃~41℃,稽留3~5天;厌食、腹泻,全身皮肤和黏膜黄疸,后肢神经性无力、震颤,有的病例尿液如茶色,粪便呈绿色、恶臭,病程长者可见血粪,病死率可达50%以上。

(2)亚急性和慢性型 眼结膜潮红、水肿,有的泛黄,有的下颌、头部、颈部和全身水肿。

母猪一般无明显症状,有的表现发热,无乳。妊娠初期感染后数天内流产,妊娠后期感染可产出弱仔,仔猪不能站立,不会吮乳而死亡。

4. 主要病理变化 急性型以全身性黄疸和各种组织器官出血及坏死,皮肤、皮下组织、浆膜、黏膜、肝脏、肾脏、膀胱等黄染和不同程度的出血。皮肤发生坏死。亚急性和慢性型表现身体各部分组织水肿,以头、颈、胸、腹、四肢最明显。肝脏、肾脏、肺脏肿大出血。

5. 防治 注重猪场内的生物安全,防止人与猪及其他动物与猪之间的交叉传播。注重饮水卫生。

磺胺类、抗生素可用于预防和治疗,青霉素类为首选药。

(十二)猪附红细胞体病

猪附红细胞体病是一种急性、黄疸性、贫血性疾病。

1. 病原 猪附红细胞体病的病原为猪附红细胞体。

2. 流行特点 猪附红细胞体只感染家养猪,猪群中的感染率很高,仔猪和母猪发病率很高。

隐性感染和带菌猪是主要传染源。隐性感染猪在应激因素作用下,血液中的附红体细胞体大量繁殖,出现临床症状。

猪附红细胞体可通过接触、血源、交配、蚊子叮咬、咬斗、喝尿液及注射器、手术刀、人工授精等途径传播。母猪一般能通过子宫、胎盘感染胎儿。

附红细胞体病全年都可发生,多发生于夏、秋多雨季节,冬春气候突变、应激和其他疾病可使病情加重,常呈继发或与一些疾病合并发生。

3. 主要症状 仔猪发病常呈急性经过,小于5日龄的仔猪皮肤苍白,黄疸;4周龄猪以贫血为主。病猪精神委靡,减食或停食,消化不良,步态不稳,高热达42℃,全身皮肤潮红,四肢下部、耳郭边缘发绀,耳郭边缘的浅至暗红色是特征性症状。

肥育猪常见皮肤潮红；溶血性黄疸，可视黏膜黄染，毛根有褐红色渗出液，干涸后留下红色斑点，食欲下降，死亡率低。

母猪发病常见于妊娠后期和产后 3～4 天，呈急性或慢性经过。急性病例表现食少或不食，持续高热达 42℃，全身皮肤有褐红色渗出液、贫血、黏膜苍白，产奶量下降，乳房、外阴水肿。由于母猪泌乳减少程度不同，仔猪生长发育受到相应的影响。感染母猪可发生繁殖障碍，表现为早产、产弱仔和死胎。母猪的受胎率降低，不发情或发情期不规律。

4. 主要病理变化　全身皮肤黏膜、脂肪、内脏明显黄染；肌肉色泽变淡，血液稀薄，不易凝固，淋巴结肿大黄染，肝脏、胆囊、脾脏、肺脏、肾脏、淋巴结肿大。

5. 防治　针对传播传染途径，采取相应的阻断措施，特别是针对妊娠后期母猪的药物预防和改善饲养管理很有必要。

四环素类、磺胺六甲氧嘧啶、贝尼尔等可用于治疗。

（十三）母猪繁殖障碍性疾病的综合预防

以上介绍了 12 种常见的影响母猪繁殖性能的疾病，广义的母猪繁殖疾病还包括产前产后便秘、贫血，产前母猪乳房水肿和母猪产程过长等，最有效的母猪繁殖障碍性疾病的综合预防措施是对产前产后母猪进行药物保健以预防各种细菌性疾病。母猪一生身体最虚弱、最容易感染疾病的时期，就是产前、产后，可采取以下措施进行保健：

第一，做好消毒工作。由于母猪分娩时子宫、乳腺频繁开放，给病原菌进入产道和乳腺创造了条件，所以产前产后应用优质消毒液对母猪全身进行清洗消毒，以减少母猪体表病原菌对母猪及初生仔猪的感染。

第二，母猪饲料平时要防止霉菌毒素污染，饲料中的霉菌毒素对母猪的危害是最严重的，妊娠母猪对霉菌毒素是最敏感的，霉菌在玉米、麸皮中广泛存在,因此在饲料中长期添加优质的霉菌毒素吸附剂是保障母猪正常产仔的最基础条件。

第三,对于不采食的、有便秘、体温高的母猪,可以喂麸皮水,饮水中添加葡萄糖、电解多维等,可以提供能量、电解质、微量元素、氨基酸等营养性的添加剂,用来调节体能和增强体质。

第四,母猪产前、产后各10天饲料中添加能够预防几乎所有细菌的强效广谱抗生素,并且这种抗生素不能影响适口性,容易搅拌均匀,不会给母猪产生副作用,猪场普遍使用的有利高44、阿莫西林、金霉素、强力霉素、土霉素等。

产仔是母猪一生中最大的应激,许多疾病会在这时感染,感染后会在母猪各个阶段发病,故产前产后做好母猪保健非常重要。

四、呼吸系统疾病防治

随着猪规模化养殖的发展,呼吸道疾病已成为猪病中最为突出的疾病,发病普遍,防治困难,反复发生,且很难清除。猪场因此治疗费用上升,致使养猪生产成本大为增加。预防猪呼吸道疾病的关键措施在于给猪提供适宜的生存环境,即适宜的温度和良好的空气质量。

(一)猪支原体肺炎(猪气喘病)

猪支原体肺炎又称地方流行性肺炎,俗称气喘病,是一种慢性、接触性呼吸道传染病。气喘病病原支原体总是破坏呼吸道纤毛,为其他呼吸系统疾病进入肺部打开方便大门;气喘病是猪呼吸道综合征最为重要的原发性疾病,可以左右其他呼吸道疾病的病情。

1. 病原 猪支原体肺炎的病原是猪肺炎支原体。

2. 流行特点 猪肺炎支原体只感染猪,不同品种、性别、年龄的猪都能感染发病。哺乳和断奶仔猪易感性高,患病后症状明显,死亡率高。妊娠母猪和哺乳母猪次之。

病原存在于病猪的支气管、细支气管,随病猪咳嗽、喷嚏的飞沫排出,传染健康猪。

本病一年四季均可发生,在气候多变的季节,潮湿寒冷的饲养环境发病严重,猪舍内的空气质量差是诱发本病的重要因素。

新发病场常呈暴发,病势严重,发病和死亡较多;老病区以慢性经过为主。主要是仔猪发病,发病数也少。当引入新的仔猪群时,又可能暴发,然后逐渐转缓。

肺炎支原体分泌丝状蛋白引起支气管、细支气管的上皮细胞死亡,造成上皮纤毛大面积萎缩或脱落,损害黏膜—纤毛屏障,进而融合为较大面积的肺炎区,发生呼吸困难、气喘。由于肺炎支原体改变了肺泡巨噬细胞的吞噬功能,并出现免疫抑制,给其他病原的侵入打开了门户,容易发生混合感染。

3. 主要症状　仔猪在发病初期表现单声咳嗽,外观无明显症状,随着病情的加重,咳嗽变为持续性,继而出现气喘症状,静立或卧地时表现出明显的腹式呼吸,特别是在猪被唤醒时表现最为明显,该病患猪早起、吃食或驱赶运动后常出现连续数十次的低头干咳、气喘、呼吸增数。食欲也愈来愈低,采食量下降,精神愈加沉郁,增重缓慢,或日渐消瘦,最后衰竭窒息死亡。本病不导致病猪体温升高。如有继发感染时会出现咳嗽加重、体温升高、食欲不振及衰竭等症状。

仔猪急性暴发时,常由于外界气候突然巨变,规模养殖场为保温将猪舍封闭,空气污浊,氨气浓度增高,带菌猪排出的病原密度增加,传染给健康猪,因而在短短数天内有许多猪发病。出现腹式呼吸,食欲下降及重度咳嗽等病状。

母猪可见有不同程度的咳嗽。

肥育猪的增重减慢,饲料报酬降低,出栏延迟。

4. 主要病理变化　病理变化主要在肺脏,心叶、尖叶、膈叶前下缘,发生对称性病变,颜色灰红或淡红,组织充血与健康肺组织界限明显,质地变硬,失去呼吸功能,故称"实变"或"肝变",随着病程的进展,"实变"颜色变为灰白色,似胰腺组织,也称为"胰变"或"虾肉样变"。

5. 防　治

(1)做好母猪、仔猪保健工作　母猪产仔前、后做好母猪病原净化工作,使母猪有健康的体质、干净的乳汁哺乳仔猪。在仔猪容易感染疾病的阶段做好药物保健工作,如仔猪断奶前后选用长效、广谱的抗生素泰乐菌素等进行保健。

(2)疫苗免疫接种　猪气喘病的预防和控制保护主要依赖于呼吸道中气管和支气管的局部免疫和细胞免疫,而这种保护只有也必须是来源于疫苗免疫接种,母源抗体无法保护。由于气喘病各日龄的猪都容易感染,单纯地使用药物预防需要长时间添加药物,药物成本高,且效果一般,容易产生耐药性,所以采用免疫接种是控制气喘病最有效最经济的手段。注苗前后各 3 日禁止使用上述对肺炎有抑制作用的药物。

(3)猪气喘病的治疗　土霉素、泰乐菌素、支原净、林可霉素常用于治疗。

(二)猪巴氏杆菌病(猪肺疫)

猪巴氏杆菌病又称猪肺疫,俗称"锁喉疯"、"肿脖子瘟",是一种急性流行性或散发性和继发传染性呼吸道疾病。

1. 病原　猪巴氏杆菌的病原为多杀性巴氏杆菌。

2. 流行特点　本菌是健康猪呼吸道中的常在菌,带菌率达30%,屠宰猪扁桃体带菌率达 63%。在恶劣环境和不良饲养环境下,机体抵抗力下降,病菌乘机侵入机体内繁殖,而且毒力增强,引起发病。以内源感染发生的猪肺疫常呈散发。

流行性猪肺疫以外源传染为主,病源主要来自病猪。病猪的分泌物、排泄物以及尸体,污染饲料、饮水,通过消化道传染,接触和通过飞沫经呼吸道也能传染。

本病主要发生于中、小猪,成年猪较少发病。本病全年均可发生,以气候骤变时节多发,南方大多发生在潮湿闷热多雨季节。本病常是猪瘟、仔猪副伤寒、气喘病的继发病。

3. 主要症状

(1)最急性型　未见任何病状死亡,病程稍长的,体温升高至41℃以上,寒战,食欲废绝,结膜发绀,耳根、颈、腹等部位皮肤出现紫红色斑。最典型的症状是急性咽喉炎,喉部急剧肿大,触之坚硬有热痛感,严重者波及耳根、胸前部,病猪叫声嘶哑,呼吸极度困难、伸颈、张口或犬坐姿势呼吸,口、鼻流出白色泡沫,有时带血,病死率可达100%。

(2)急性型　较为常见,主要表现肺炎症状,体温41℃以上,干性或湿性咳嗽,鼻流浆性或脓性分泌物,触诊胸部有痛感,眼结膜发绀,张口吐舌,呼吸困难,皮肤有红斑。病程4～7天,不死的转为慢性。

(3)慢性型　病初症状不明显,表现持续性咳嗽、呼吸困难,鼻流少量脓性分泌物。病猪食欲逐渐下降,进行性消瘦,有的腹泻。有的发生慢性关节炎、关节肿胀、跛行,病程2～3周。

4. 主要病理变化　最急性型为败血病变化,全身皮下、黏膜、浆膜有明显的出血点,咽喉明显地炎性充血、水肿、增厚。

急性型主要表现肺部炎症,肺小叶有不同发展时期的肝变区,色泽有暗红、灰红、灰白色等,如同大理石样外观。肺间质增宽水肿。

慢性型肺炎病变陈旧,有的出现坏死或干酪样物,胸膜增厚,与邻近组织粘连,纵隔淋巴结有干酪样变化。

5. 防治　青霉素常为首选药物。猪肺疫氢氧化铝菌苗,可用于注射免疫;还有口服弱毒冻干菌苗,仅用于口服。

（三）猪传染性胸膜肺炎

猪传染性胸膜肺炎又称接触性传染性胸膜肺炎，是一种高度传染性呼吸道疾病。

1. 病原 猪传染性胸膜肺炎的病原是胸膜肺炎放线杆菌（APP）。

2. 流行特点 各年龄、性别的猪都有易感性，3～4 月龄猪最易感。本病的发生多呈最急性型和急性型病程而迅速死亡。

病猪和带菌猪是主要传染源，种公猪和慢性感染猪是本病的传播者，病猪的鼻液、扁桃体、支气管、肺脏都有病原存在，随着呼吸、咳嗽、打喷嚏排出，直接或间接传染健康猪。

本病在 4～5 月份和 9～11 月份较为多发。恶劣环境、气候，不良饲养管理均可诱发本病。

3. 主要症状

（1）最急性型 有的不见任何症状突然死亡。多数病猪体温升高达 41℃～42℃，精神沉郁、食欲废绝，可出现短时的腹泻和呕吐，后期心衰，耳、鼻、眼及后躯皮肤发绀，晚期呼吸极度困难，呈犬坐姿势，张口喘气，临死从鼻口流出带血泡沫。

（2）急性型 与最急性型比较病势较弱，病程稍长，症状较轻。常因呼吸困难不愿卧下，病猪呈现较长时间的站立。长期站立（超过 2 小时）的猪一旦自行卧下（呼吸困难未解除）则预后不良。

（3）慢性型 发热不明显，精神不振，食欲减退，生长缓慢，呼吸粗重，呈现间歇性咳嗽。

4. 主要病理变化

（1）最急性型 肺充血、出血，肺泡与间质水肿，气管和支气管内充满泡沫状带血的分泌物。

（2）急性型 喉头充满血样液体，双侧性肺炎，常在心叶、尖叶和膈叶出现病灶，病灶区呈紫红色，坚实、轮廓清晰，肺间质积留血色胶样液体。纤维素性胸膜肺炎逐渐蔓延整个肺脏。

（3）慢性型　常在肺的膈叶发生大小不等的结节，发生在肺表面的结节上附着纤维素而与胸壁粘连。

5. 防治　治疗常针对急性和慢性病例，常用药物有青霉素、链霉素、泰妙菌素、泰乐菌素、林可霉素、氟苯尼考等。

药物预防常用泰妙菌素、强力霉素、阿莫西林等预混剂拌入饲料，在出现首个病例后全群饲喂。

进口疫苗有一定预防作用，但应用很少。

（四）副猪嗜血杆菌病

副猪嗜血杆菌病又称猪多发性浆膜炎与关节炎，是一种接触性、以继发为主要流行特征的细菌性疾病。

1. 病原　本病的病原为副猪嗜血杆菌。

2. 流行特点　2周龄至4月龄的青年猪，尤其是哺乳仔猪、断奶10天左右的猪更易感染本病。副猪嗜血杆菌常存在于猪的上呼吸道，构成其正常菌群，主要通过空气直接接触传播，也可通过消化道传染。本病一般为散发，也可发生地方性流行，常是猪繁殖与呼吸综合征、圆环病毒2型感染、猪流感、猪气喘病等病的继发病，发病的严重程度与这些病原存在密切关系。

3. 主要症状　发热，食欲减退，眼睑水肿，鼻孔周围有脓性分泌物，咳嗽，呼吸困难，关节肿胀，跛行，可视黏膜发绀，虚弱，心功能衰弱。

4. 主要病理变化　三腔大量纤维素渗出性炎症，其中以心包腔、胸腔发生率最高。胸膜、腹膜、心包膜、关节浆膜及脑膜发生纤维性炎症，出现程度不同的渗出性或化脓性纤维蛋白渗出物，呈淡黄色或灰白色。全身淋巴结肿大、灰白色。

5. 防治　做好猪气喘病、猪繁殖与呼吸综合征、猪圆环病毒2型及猪流感的预防，防止本病继发。副猪嗜血杆菌菌株对头孢菌素、氟苯尼考、泰妙菌素、氟喹诺酮类及增效磺胺类药物敏感,提前用药且剂量要大以保证足量的药物达到关节及脑脊髓,应注射给药,口服投药效果甚微。可用头孢噻呋钠 5 毫克/千克＋庆大霉素 20 毫克/千克,肌内注射,每日 1 次;母猪产前用药可降低仔猪感染的概率。

（五）猪流行性感冒

猪流行性感冒是一种急性、高度接触性呼吸道传染病。

1. 病原 猪流行性感冒（猪流感）的病原为猪流感病毒,是流感病毒属的成员,分 A、B、C 3 型,猪 SIV 是 A 型流感病毒的一个亚型。有些类型的 SIV 病毒可在人和猪之间相互传播,如 H1N1 病毒。

2. 流行特点 不同年龄、性别和品种的猪都可感染,流行有明显的季节性,早春、秋季及冬季多发。本病主要通过飞沫经呼吸道传染,传播比较迅速,2～3 天内波及全群,发病率高,病死率低。没有继发感染时,能迅速康复。

与本病混合感染或易继发的病原有蓝耳病病毒（PRRV）、支气管败血波氏杆菌、多杀性巴氏杆菌、副猪嗜血杆菌、肺炎支原体、猪链球菌等。

3. 主要症状 体温升高达 40℃～42℃,精神极为委顿,废食,呼吸急促伴有阵发性咳嗽,眼、鼻流黏液性分泌物,部分猪全身皮肤潮红,病程 3～7 天,大多数猪可自行康复。妊娠母猪发病会出现流产。

4. 主要病理变化 病变主要表现在肺部,肺的心叶、尖叶水肿,间质增宽,呈紫红色,质地硬,与正常组织界限明显。鼻、咽、喉、气管、支气管黏膜充血,细支气管内充满泡沫样渗出液。

5. 防治 治疗可用抗生素结合退热药,刚发现首例病猪时全群饲料中拌入阿莫西林和中草药清热解毒制剂,具有预防、治疗双重作用。同时，预防饲养员等有关人员受感染。

（六）猪链球菌病

猪链球菌病是一种人兽共患细菌性疾病，猪感染后以发生败血症、脑膜炎、化脓性淋巴结炎、关节炎为主要特征。

1. 病原　猪链球菌病由多种致病性链球菌感染引起。猪链球菌2型还能引起人群感染和死亡，具有重要的公共卫生意义。

2. 流行特点　发病猪中链球菌2型是主导菌株，其他菌株也可引起链球菌病，以败血症、脑膜炎、关节炎为主要特征。

猪链球菌自然感染部位是猪的上呼吸道，主要是扁桃体和鼻腔、呼吸道、消化道。生殖道也是重要传染途径。

各年龄的猪都有易感性。仔猪多发败血症和脑膜炎，中猪多发化脓性淋巴结炎。本病全年均可发生，春、秋多发，呈地方性流行。

链球菌通过呼吸或其他途径侵入肺脏定居繁殖，发生链球菌性肺炎。有研究表明，猪链球菌2型菌株分离于新生仔猪肺脏的，远远大于分离于脑中的数量。本病菌是猪繁殖与呼吸综合征、猪瘟等重大疾病发生时检测到的重要继发病原（详见混合感染疾病防治）。

3. 主要症状

（1）败血型　流行初期，见不到病状突然倒毙，有的体温升至41℃～42℃，精神沉郁，废食，呼吸困难，结膜发绀，口、鼻流出淡红色泡沫样液体，迅速死亡。有的体温升至43℃，稽留热，呼吸急促，间有咳嗽、鼻孔流出浆液样液体，耳郭、颈部、腹下及四肢皮肤呈紫红色，病程稍长的3～5天死亡。发病率30%左右，病死率80%。

（2）脑膜炎型　哺乳仔猪、断奶仔猪多发，神经症状明显，表现运动失调，盲目走动、转圈，后躯麻痹，濒临死亡前侧卧，四肢做游泳状划动。

(3)关节炎型 可单独出现,亦可混杂在败血型和脑膜炎型中。多表现单腿关节肿胀,疼痛,有跛行,甚至不能起立,关节囊内常蓄积大量黏脓性渗出液。

(4)淋巴结脓肿型 颈部、颌下咽部的淋巴结肿大,化脓,显著隆起,靠近体表的脓肿破溃排出脓液后逐渐愈合,有的未能破溃的形成大的脓肿。

(5)子宫炎型 经产母猪产后阴门流出黄白色黏脓性物,有腥臭。或发情时子宫颈口开张,子宫中的脓性物排出。后备母猪发生的比例小,脓性物稀薄、色淡。实验室检验,子宫脓性物中病原菌是链球菌、葡萄球菌等。

4. 主要病理变化

(1)最急性型 心肌特别是左心室肌与内膜广泛出血,由左心衰竭引起全肺充血与水肿,乃至肺出血。另外,纤维素渗出是最急性链球菌病的特点,哪怕只有极少数纤维素丝出现在腹腔脏器表面也有诊断意义。副猪嗜血杆菌病虽有大量的纤维素渗出,但病程慢。

(2)败血型 以腹腔存在纤维素丝;脾肿大1倍以上、呈暗红色、质地变软,切面难见脾小体;心肌与心内膜出血为特点。

(3)脑膜炎型 脑膜或脑实质充血、出血,有的还可见脑膜粗糙,呈细粒感,有纤维素覆盖,若还可见本病败血型的病损,说明继发于败血型。

(4)关节炎型 关节腔滑液增多,内有黄白色干酪样脓块,少见纤维素沉着,骨关节面增厚,无光滑感。

5. 防治 预防常用链球菌2型灭活疫苗,妊娠母猪产前4周接种;仔猪30日和45日龄接种,也可根据猪场的实际情况确定免疫时间。

链球菌对青霉素的耐药性很普遍,而对林可霉素、氨苄西林、阿莫西林、舒他西林、头孢噻呋钠、庆大霉素、泰妙菌素及含增效剂的磺胺类药物呈高度敏感。治疗可用头孢噻呋钠 5 毫克/千克＋庆大霉素 20 毫克/千克,每日 1 次,最好静脉注射。也可使用林可霉素每千克体重 0.2 毫升肌内注射,每日 2 次,连用 3 天。

猪场还要做好饲养人员等的个人预防。

(七)猪传染性萎缩性鼻炎

猪传染性萎缩性鼻炎是一种慢性呼吸道疾病,以鼻炎、颜面部变形和生长迟缓为主要特征。

1. 病原　猪传染性萎缩性鼻炎的病原是支气管败血波氏杆菌和产毒素多杀性巴氏杆菌。

2. 流行特点　各年龄的猪都可感染,但以幼猪病变最为明显,哺乳仔猪感染后可引起鼻甲骨萎缩,2～5 月龄猪多发。较大的猪感染后,只发生卡他性鼻炎、咽炎和轻度鼻甲骨萎缩。成年猪感染后一般无症状而成为带菌者。

病菌存在于猪的上呼吸道,主要经过呼吸道传染。带菌母猪传染仔猪是重要传染途径。带菌猪可传染同栏饲养的猪。

本病多为散发或呈地方性流行,饲养密度较大时本病的传播也加快。

3. 主要症状　鼻炎症状,打喷嚏,用前肢搔抓鼻部或用鼻拱地或摩擦鼻部;鼻流黏性、脓性甚至带血分泌物;波及眼结膜形成结膜炎时,在眼角形成泪痕湿润区。

鼻部外观由于鼻甲骨损伤而向上翘起或歪向一侧,上下门齿磨合不正。患病猪的饲料报酬降低,生长速度减慢。

4. 防治　预防采用母猪、仔猪分别免疫,能有效地减少发病。另外,应及时淘汰带菌母猪。

治疗时对产前 1 个月的母猪、断奶仔猪及生长肥育猪,每吨饲料添加磺胺 6 甲氧嘧啶 400 克或用 600 克土霉素拌料,饲喂 4～5

周(脉冲式给药用 1 周停 1 周)。3～4 周龄仔猪,用磺胺间甲氧嘧啶 25 毫克/千克肌内注射,1 日 1 次,另配合 3 天 1 次肌内注射长效土霉素 80 毫克/千克。

(八)猪细胞巨化病毒感染

本病主要发生于幼龄仔猪,以引起鼻炎为特征。

1. 病原 本病的病原是猪细胞巨化病毒。

2. 流行特点 本病毒仅传染猪,幼龄猪特别是 1～3 周龄仔猪最易感染。

病毒存在于鼻和眼的分泌物、尿、子宫及精液中,排出体外感染健康猪。

妊娠母猪感染后,可引起胎儿感染,产木乃伊胎、死胎,或引起新生仔猪死亡以及发生患有鼻炎、肺炎的僵猪。

猪感染后可成为终生带毒者,在使用皮质类固醇等药物或有其他应激时,可激活病毒增殖、排毒。

3. 主要症状 自然感染猪表现因鼻塞造成的呼吸困难,打喷嚏,咳嗽、流泪,鼻分泌物增多,体重减轻,死亡率不高于 20％,3～4 周可恢复正常。

人工感染断奶仔猪,表现有轻度的呼吸加快症状,发育不良或成僵猪。妊娠母猪可产死胎、木乃伊胎或新生仔猪无症状死亡,存活仔猪发育不良,颈、胸、下腹部及跗关节皮下出现水肿。

4. 防治 尚无疫苗和有效药物用于治疗。在正常饲养管理下,本病的危害性不明显,当本病发生时可用中草药解毒方剂治疗,控制流行和继发感染。

(九)猪呼吸道综合征

猪呼吸道综合征(PRDC)是多种细菌、病毒、支原体、环境应激和猪只抵抗力下降等诸多因素相互作用引起的呼吸道病,现在广泛分布于世界各地,是影响全球养猪经济效益的头号疾病。许多地区或猪场发病率可达30%甚至70%以上,病死率可达10%～50%,它除直接造成死亡外,还明显增加了淘汰率,以及因饲料利用率下降5%～25%、增重速度迟缓、推迟上市10～30天、猪舍利用率下降、治疗费用上升等而致使养猪生产成本大为增加。

1. 猪呼吸道综合征流行特点 发病无季节性,一年四季均会发生,秋、冬、初春多见或严重。各个生产阶段都可发生,但以生长肥育猪多发,常呈现"13～15周龄墙"和"18～20周龄墙"现象,我国也多发于7～10周龄阶段的保育猪。

2. 主要症状 猪呼吸道综合征临床表现结膜炎、眼睑水肿、分泌物增多;咳嗽、打喷嚏、呼吸困难;发热;食欲不振、消瘦;毛长而粗乱、皮肤发白、发绀,特别是耳端;有的腹泻增重缓慢、均匀度差、上市日龄增长等。

体温升高、咳嗽和呼吸困难是本病的临床症状,但也有许多临床病例不表现体温升高,而且咳嗽和呼吸困难等症状也不明显,或仅有不引人注意的浅表性呼吸增快或偶尔咳嗽,但常有喷鼻、鼻子不通气以至流鼻血等症状。

急性型的猪呼吸道综合征在疾病早期常见皮肤有弥漫性发红或伴有灰色淤血、小出血斑点。部分慢性或隐性患猪的皮肤呈暗红色或浅灰色,被毛粗糙。也有少数猪的皮肤呈现苍白贫血现象。相当数量的病猪于病的中、后期在耳部、腹部、四肢末端、大腿后侧出现紫红、紫黑色出血斑。部分急性型病猪因治疗失误,如大剂量使用退热药、抗病毒药和糖皮质激素类药等,而致体温降至常温或其以下,从而掩盖了热性病的症状,少数因药物的毒副作用发生贫血、黄疸,个别猪还有神经症状。

3. 猪呼吸道综合征的控制 呼吸道综合征没有一个药物或一个方法就可以控制,猪呼吸道综合征是混合感染性疾病,必须一个疾病一个疾病进行控制,才能控制呼吸道综合征。

(1)控制原发性疾病 重点控制气喘病(支原体肺炎)、蓝耳病、猪瘟、伪狂犬病等。

(2)合理控制细菌性疾病 细菌性疾病一旦发生,损失已经存在,现在很少见到单一病原发生的疾病,有症状的疾病往往是多种病原作用的结果,当前许多细菌对众多抗生素都已经产生耐药性,如果不做药敏实验,盲目用药效果往往不理想。许多细菌都能够分泌毒素,抗生素对细菌有效,但对毒素却没有效果,对机体产生毒害作用引起器官损伤的往往有毒素作用的影响,在细菌性疾病的中、后期,毒素已经起作用,抗生素治疗往往会无效。所以,应提倡保健。例如,仔猪断奶前后、转群前后等,这是猪群的疾病易感期与疾病易发期,在猪群抵抗力下降及应激前后必须对猪只进行保健。

断奶前的保健:可视各猪场的具体情况确定保健时间与方法,如果在1～10日龄发病率高、死亡率高的,可以选择1～3天药物注射保健;如果在10～20日龄发病率高、死亡率高的,可以在7～10日龄对仔猪进行保健,也可以选择在管理因素造成仔猪应激发生(如阉割)前进行保健;如果猪场断奶前仔猪死亡率超过10%的,可以进行断奶前两针保健,第一针在1～3日龄进行,第二针在7～10日龄进行,药物一定要选择长效广谱的抗生素。

断奶当天或转群前的保健:断奶是仔猪的生死关,也是仔猪一生最大的应激,最容易感染或暴发疾病,对仔猪断奶前后的保健是必须要做的,应选用长效、广谱的抗生素进行保健。

保育期的保健:此阶段发病率高、死亡率高,死亡率超过5%的猪场选择全群猪进行长效广谱药物保健,在猪群有规律发病的前3～5天进行保健;死亡率低于5%的猪场选择个体保健,也就是每天仔细观察猪群2～3次,发现有不健康的猪马上进行长效药物的注射保健。通过以上3种保健措施,可以明显降低70日龄前仔猪的死亡率,70 日龄后的猪只由于注射疫苗和转群等应激明显减少,猪只抗应激能力明显增强,注射的各种疫苗抗体基本产生,猪群的抗病力、免疫力普遍增强,此阶段主要是对个别发病猪进行及时治疗。

五、消化系统疾病防治

在我国的猪场中,腹泻发病普遍、病因复杂,主要包括生理性、营养性、母猪性、应激性和病毒、细菌、寄生虫性。有研究资料报道,由病原微生物引起的腹泻病例中,大肠杆菌占 45％,球虫病占 22％,传染性胃肠炎和流行性腹泻占 11％,轮状病毒占 20％,其他占 2％。猪场腹泻每年都会造成严重的经济损失。

(一)仔猪梭菌性肠炎

仔猪梭菌性肠炎又称仔猪传染性坏死性肠炎,俗称仔猪红痢,是初生仔猪(3 日龄以内)的高度致死性肠毒血症。

1. 病原　本病病原为 C 型产气荚膜梭菌,也称魏氏梭菌。

2. 流行特点　C 型魏氏梭菌常存在于部分母猪的肠道中,随着粪便排出体外,污染自身体表和周围环境,仔猪出生后接触被污染的母猪乳头等体表部位及产床环境,病原经仔猪消化道侵入,在仔猪小肠大量繁殖,产生大量毒素,引起肠黏膜发炎、出血、坏死。毒素被吸收后引起毒血症致死仔猪。

本病主要发生于 1～3 天以内的仔猪,1 周龄以上的很少发病。发病快,病程短,病死率高达 50％～90％。冬、春季节发病较多。

3. 主要症状

(1)最急性型　出生数小时至 1～2 天发病死亡,仅见精神不佳,不吃奶,或不见腹泻,在虚脱或抽搐状态下死亡。

（2）急性型　排出褐红色糊状稀便，很臭，常混有坏死组织碎片和小气泡，死亡率很高。

（3）亚急性型　排水样稀便、消瘦、脱水，病程5～7天，虚弱死亡。

（4）慢性型　间歇性持续性腹泻，黄灰色糊状，逐渐消瘦，终归死亡或被淘汰。

4. 主要病理变化　空肠及回肠的一段呈深红色至紫黑色，内容物暗红色，混有气泡，肠黏膜充血、出血、甚至坏死，病变两端与正常肠管界限分明。

5. 防治　发病后抗生素治疗效果不好，一旦发生，对未发病的仔猪普遍用抗C型产气荚膜梭菌血清预防和治疗，肌内注射，出生后1次，第二天再注射1次，结合使用甲硝唑等抗厌氧菌药物，可获得较好的效果。

在有发病史的猪场，经实验室确定病原的类型（C型或A型），分别为妊娠母猪注射相同类型的疫苗。

（二）仔猪黄痢

仔猪黄痢又称早发性大肠杆菌病。是5日龄以内仔猪的急性高度致死性的肠道传染病。特征是排黄色稀便和急性死亡。

1. 病原　病原为大肠杆菌K_{88}等20余种血清型菌株，能产生肠毒素。

2. 流行特点　出生至5日龄的仔猪发病。常由1头开始，传染全窝仔猪，初产母猪的仔猪发病率高。

仔猪通过被污染的母猪乳头、皮肤，经消化道感染，母猪是主要传染源。

外界气候急剧变化，猪舍湿度增大，温度低，饲养密度高，卫生状况差，都可诱发本病。

3. 主要症状　大多数猪排黄色糊状至水样稀便，肛门周围不留粪迹,不易发现。严重者粪水从肛门流出,小母猪阴门尖端被尾巴摆动摩擦呈红色,随着病情的加重,精神不振,不吃奶,脱水症状出现,消瘦,两眼球下陷,昏迷而死。也有的出生 24 小时内不见腹泻死亡。

4. 主要病理变化　尸体严重脱水,眼球下陷,小肠急性卡他性炎症,黏膜肿胀、出血,肠壁变薄。胃内有凝乳块、潮红、肿胀。

5. 防治　治疗首选喹诺酮类药物及庆大霉素等,一些中药制剂有很好的疗效,如黄连素(小檗碱)等。

预防本病可采用大肠埃希氏三价灭活疫苗给产前 3 周左右的母猪注射。另外,应加强产房的饲养管理;严格实行全进全出制度,做好消毒及猪舍的空置;给仔猪提供适宜的温度及干燥的环境。

(三)仔猪白痢

仔猪白痢又称迟发性大肠杆菌病,是 10～30 日龄仔猪消化道疾病,特征是下痢,排出灰白色粪便。

1. 病原　本病的病原为大肠杆菌 O_8 和 K_{88} 等多种血清型菌株。

2. 流行特点　10～30 日龄的仔猪易感,气候发生骤变时,发病数量突增。

3. 主要症状　病猪主要病状为排黄白色或灰白色糊状稀便。严重病例精神沉郁,食欲减退,消瘦,寒战,喜扎堆,虚弱,走路不稳。

4. 主要病理变化　胃黏膜肿胀、潮红,幽门处最明显。小肠内容物黄白色,稀糊状,肠黏膜潮红。

5. 防治　预防和治疗的方法同仔猪黄痢,不同的是用药剂量需增大。本病的致病菌株血清型种类多,而且产生耐药性快,治疗和药物预防须不断更换药物。

（四）猪水肿病

猪水肿病是断奶前后仔猪的一种急性散发性肠毒血症疾病。

1. 病原 猪水肿病的病原为多种溶血性大肠杆菌。

2. 流行特点 母猪和被感染的仔猪是传染源。猪群中生长快、肥胖健壮的仔猪无任何先兆突然死亡，一般为散发。

发病率不高，病死率近100%。

环境气候急剧变化，饲料营养水平蛋白质偏高，突然更换饲料都可能诱发本病。

3. 主要症状 有的病例见不到发病即死亡，病猪体温一般不升高，主要表现运动障碍和神经症状，步态不稳，盲目走动、转圈、乱撞，触之惊叫、声音嘶哑，眼睑、头及下颌部水肿，病程短，死亡率高。

4. 主要病理变化 眼睑、下颌等皮下水肿；胃壁大弯处水肿；大肠间膜水肿；全身淋巴结水肿。

5. 防治 治疗效果常不理想，可试用抗菌、脱敏、镇静、强心利尿、补硒综合疗法。

在卫生条件差、管理水平低的猪场可使用多价灭活菌苗。

（五）猪 痢 疾

猪痢疾又称猪血痢，是猪的一种严重肠道传染病，特征是严重的黏液性和黏液出血性下痢。

1. 病原 本病的病原是致病性猪痢疾蛇形螺旋体。

2. 流行特点 病猪和康复猪是主要传染源。康复猪可带菌数月，粪便中有大量病原，污染饲料、饮水、环境及母猪体表，仔猪通过吃奶等途径受到感染，健康猪采食被污染的饲料、饮水后感染。

断奶前、后仔猪发病率较高且病死率也高于大猪。

本病的发生无季节性，传播缓慢，流行期长，可反复发病。流行初期呈最急性和急性，后转为亚急性或慢性。

3. 主要症状 最急性病例病程数小时，无腹泻症状死亡。大多数呈急性型，初期食欲减退，体温升至 40.5℃，排出黄色至灰色软便，然后发生下痢，病情严重的病例粪便呈红色糊状，粪便中有黏液、血液、脓性分泌物及纤维素碎片，有的粪便呈油脂样或胶冻状，呈棕色或黑红色，有的排灰色、褐色甚至绿色糊状便。病猪弓背、吊腹、脱水消瘦、虚弱而死。有些病猪转为慢性，表现为时轻时重的黏液出血性下痢，粪便呈黑色俗称黑痢。病猪生长发育受阻，极度消瘦，康复猪还可复发。

4. 主要病理变化 主要病变局限于盲肠、结肠，表现为大肠黏液性出血性炎症，肠壁水肿增厚，肠黏膜充血、出血。肠腔内充满红色、暗红色的黏液。

5. 防治 治疗首选药物为痢菌净，另外，也常用新霉素、林可霉素、泰乐菌素等进行治疗。

防治措施：淘汰病猪，彻底清洗、消毒病猪污染的环境，并力求延长空圈时间，饲料中拌入痢菌净，对全群做预防性治疗，每吨饲料加痢菌净 1 千克，连喂 35 天，哺乳仔猪灌服 0.5% 痢菌净溶液，每千克体重 0.25 毫升。

（六）仔猪副伤寒

仔猪副伤寒（猪沙门氏菌病）是仔猪的肠道传染病，以急性败血症和慢性大肠坏死性炎症为主要特征。

1. 病原 仔猪副伤寒的病原是沙门氏菌中的猪霍乱沙门氏菌等多种血清型细菌。本病主要发生在仔猪，故称仔猪副伤寒。

2. 流行特点 病猪及健康带菌猪是主要传染源。病原菌存在于肠道中，随粪便排出体外，污染饲料、饮水及环境，经消化道感染健康猪。

病原菌可能存在于健康猪肠道或其他组织器官,并不表现病状,在饲养环境、气候急剧变化时,机体的抵抗力下降,病原大量繁殖,引起内源性感染,并引起流行。

带菌母猪可发生子宫内感染或脐带感染。

本病一年四季都可发生,冬春多发。

猪霍乱沙门氏菌可形成耐热的毒素,加热至75℃时能存活1小时以上,在19%氯化钠腌肉中能存活75天以上,在牛奶等食物中还可繁殖,人食用带病原的食品会引起中毒。

3. 主要症状

(1)**急性型(败血型)** 发病初期为急性经过,体温升至41℃~42℃,食欲不振或废绝,精神委靡、寒战、扎堆,鼻盘发干,眼结膜潮红,有黏性分泌物,初便秘后下痢,粪便淡黄色、恶臭、有时带血,常有腹泻症状,在鼻端、耳、颈、腹及四肢内侧皮肤出现紫色斑,呼吸困难,衰竭死亡。病程2~5天。

(2)**慢性型(结肠炎型)** 最主要的症状是下痢。粪便糊状或水样,颜色污黑或黄绿、灰绿、灰白、淡黄,常混有黏液,病程长的肛门失禁,粪便自然下流,咳嗽时呈喷射状排出,食欲日渐减退,体况日渐消瘦,以至极度衰竭死亡,腹下、四肢内侧皮肤可见红疹点或斑块,多呈紫红色。

4. 主要病理变化 急性型病例主要表现败血症的变化,体表皮肤淡黄色或淡紫色,淋巴结紫红色、肿大,切面呈大理石状,与猪瘟的变化很相似。脾脏肿大暗紫色,大肠黏膜有散在的麸皮样坏死物。

慢性型的病变主要在大肠,特别是盲肠和结肠黏膜的坏死和溃疡。有的病例盲肠发生弥漫性坏死,糜烂。

5. 防治 治疗用药有土霉素、磺胺类、喹诺酮类及氟苯尼考等。

预防可用仔猪副伤寒弱毒冻干疫苗。做好饲料管理、环境卫生，发现有个别病例应隔离治疗，必要时全群投药预防。

（七）球 虫 病

球虫病是仔猪的一种严重的消化道疾病，成年猪多为带虫者，是本病的传染源。

1. 病原　猪球虫病的病原是艾美耳属和等孢属球虫。

2. 流行特点　等孢球虫感染常见于仔猪，成年猪发生混合感染。自然感染常发生在夏、秋季节。

3. 主要症状　一般 7～21 日龄仔猪发病，主要症状是腹泻，呈水样或糊状或胶冻状，呈黄色至白色，有大量黏液和未消化饲料，腹泻与便秘交替发生，严重者脱水，食欲不振、消瘦、贫血，被毛粗乱，生长缓慢。发病率高达 50%～75%，病死率有的低，有的高达 75%。

4. 主要病理变化　空肠和回肠卡他性炎症，肠壁增厚，并有黏液性渗出物附着，严重的病例发生坏死性肠炎。

5. 防　治

（1）治疗　磺胺类药物有效，磺胺绿丙嗪、磺胺二甲嘧啶、百球清等治疗仔猪球虫病有良好作用。

（2）预防　母猪产前驱虫，可用盐霉素、氨丙啉、莫能菌素饲喂母猪 1～2 周，也可采用注射方法。产前对母体及环境必须做彻底的清洁和消毒处理，以清除球虫卵囊。对仔猪进行药物预防，在球虫卵囊成熟和侵入肠壁之前（一般在 3～4 日龄），口服 1 毫升百球清。试验表明，使用磺胺类药物要在感染前 2 天投药。

（八）猪增生性肠病

猪增生性肠病引起回肠至盲肠的黏膜呈现腺瘤样增生，又称肠腺病复合症。特点是在肠道出现单纯的增生的基础上引发坏死性肠炎、局部性回肠炎或增生性出血性肠病等一群极为相似的病理变化过程,但外观表现又是差别很大的疾病。

1. 病原 本病的病原为胞内劳森菌。

2. 流行特点 保育期至肥育前期猪易感染。母猪抗体保护至3～6周龄,哺乳仔猪和成猪不发病。

病猪和带菌猪是传染源。病菌随粪便排出体外,污染饲料、饮水,健康猪经消化道感染。

3. 主要症状 轻者食欲下降,增重缓慢,体温略有升高。继而腹泻,粪便颜色正常。病猪生长停滞,体重下降、消瘦。有的猪出现一种特征状的厌食,挤在采食猪的中间,抬头仰视食槽,似对食物感兴趣,但不采食。严重发生时,因肠黏膜发生不同程度的炎症和坏死,病猪表现厌食、持续性腹泻和严重消瘦,回肠炎病例可形成肠壁穿孔,引起腹膜炎。增生性出血性肠炎,表现为贫血症状,体表苍白,结膜苍白。排出黑色柏油状稀粪。

4. 主要病理变化 病变部位见于小肠末端及邻近结肠近端。肠壁增厚,肠管外径变粗,肠壁发生纵向或横向皱褶。坏死性肠炎肠黏膜发生凝固性坏死,形成灰黄色干酪样物。

局部性回肠炎的特征是肠腔缩小,皱缩细小如同硬管,在病变的两端正常段充满气体或液体,鼓若球状,呈"哑铃状"。

结肠和直肠可见凝血块或粪便沾有血迹,或柏油色稀粪。

5. 防治 首选治疗药物为爱乐新、支原净、泰乐菌素,其他药物如林可霉素、硫酸黏杆菌素,金霉素等也有效。常用药物组合有爱乐新50毫克/千克＋硫酸黏杆菌素120毫克/千克饲料,连服14天。亚甲基双水杨酸杆菌肽(BMD)30克/吨加金霉素500克/吨,连续饲喂14天。有便血的病例应肌内注射安络血(卡巴克洛)4～10毫升＋止血敏(酚磺乙胺)4～10毫升。种猪的个体治疗可选用支原净15毫克/千克＋硫酸黏杆菌素1毫克/千克肌内注射,每日1次。

在保育阶段药物预防是可靠的防制措施。

(九)猪轮状病毒感染

1. 病原　是由轮状病毒引起的多种幼畜(仔猪、犊牛、羔羊)及新生婴儿的急性肠道传染病。受感染的幼畜以精神委顿、厌食、腹泻和脱水为特征。成人及成年动物呈隐性感染。

2. 流行特点　受母源抗体的保护,1周龄内仔猪不发病。2~6周龄仔猪易感,初产母猪所产仔猪易感染。

病毒在猪群中的带菌率高达40%~100%,病毒随粪便排出,健康猪经消化道感染。病毒对环境理化因素抵抗力强,而且能耐受多种常规消毒药,较难净化。

一般来说,仔猪轮状病毒感染的临床症状较温和,如无继发感染或不良的应激因素存在,感染仔猪的病死率不会太高,大多在10%以内。

本病发生多在寒冷季节。

3. 主要症状　主要病状是腹泻,粪便呈黄白色、黄绿色或暗黑色、糊状或水样,严重者带有黏液和血迹。病猪常脱水而死。

传染性胃肠炎病毒或溶血性肠毒素大肠杆菌常常并发感染,使病情更加严重。

4. 主要病理变化　胃内常充满凝乳块和乳汁。

小肠肠壁变薄半透明,内容物为液状,含絮状物,灰黑色,有时小肠广泛出血。

5. 防治

(1)治疗　可用抗菌肽、干扰素、中药抗痢解毒制剂等,另外,采用消炎、止泻、补液防脱水的对症治疗。仔猪口服补液盐水每千克体重30~40毫升,每日2次。常用抗继发感染药物为:氟哌酸(诺氟沙星)、氟苯尼考、庆大霉素、土霉素等。

（2）预防　在常发病场可用疫苗。做好猪舍的环境管理工作是预防发病的基础，预防措施同仔猪黄、白痢的防治。

（十）猪传染性胃肠炎

1. 病原　传染性胃肠炎是猪的一种急性胃肠道传染病，特征是发热、呕吐、严重腹泻、脱水和 2 周龄以内仔猪高病死率。

猪传染性胃肠炎的病原为传染性胃肠炎病毒（TGEV）。

2. 流行特点　各种年龄的猪都有易感性。10 日龄以内的仔猪最敏感，发病率和死亡率都很高，5 周龄以上的猪病死率很低，较大猪或成猪几乎没有死亡。

在新疫区呈暴发性流行，在老疫区呈地方性流行，传播迅速，1周内传遍全群。

本病以冬、春流行最为严重。

病猪和带毒猪是主要传染源，病毒随着粪便、乳汁、鼻液、呕吐物、喷出的飞沫排出，污染饲料、饮水、空气及用具，通过消化道、呼吸道传染健康猪。

3. 主要症状　本病的主要病状因病毒的毒力强弱、新旧疫区和猪的年龄有明显不同。

新疫区发病，表现突然呕吐，接着剧烈腹泻，粪便常为乳白色、灰色或黄绿色。带有未消化凝乳块、恶臭，病猪严重脱水，体重迅速下降。10 日龄内仔猪病死率 100％，3 周龄以上可耐，多造成发育不良。

肥育猪和母猪普遍厌食，个别呕吐，严重腹泻的排水样便，呈喷射状，一般 1 周内康复。泌乳母猪发病严重，体温升高，泌乳停止，呕吐，严重腹泻和衰竭。妊娠母猪症状轻微或不明显。

4. 主要病理变化　尸体脱水明显，胃常胀满，有未消化的凝乳块，3 日龄小猪，胃横膈膜憩室部黏膜下有出血斑，占 50％左右，小肠充满黄色或黄绿色液体，含有未消化的小乳块和泡沫，肠壁变薄半透明状，缺乏弹性。

5. 防　治

（1）治疗　目前尚无特效药物治疗，干扰素有一定减轻发病程度作用，可于产前 7 天和 3 天各注射 1 次，仔猪出生后注射 1 次，0.5 毫升，腹泻仔猪连续注射 3 天，每日 1 次。对腹泻脱水仔猪应补液，腹腔注射葡萄糖盐水每日 1～2 次，同时使用预防黄白痢的药物如恩诺沙星。

（2）预防　疫苗注射可用传染性胃肠炎和流行性腹泻二联苗。每年 10 月份开始对公猪进行 2 次普防（以免发病后影响精液品质），母猪普防后应再于产前 1 个月加强免疫 1 次。目的主要是保护产房的乳猪，因为这类疾病对乳猪影响最大，其次是哺乳和妊娠母猪。免疫程序设计必须针对它们进行保护。必须注意的是所用疫苗应为活苗、注射部位是交巢穴，新生仔猪也可使用疫苗免疫。

在发病期间还应加强饲养管理、提高环境温度。

（十一）猪流行性腹泻

1. 病原　流行性腹泻是一种高度接触性肠道传染病，以呕吐、腹泻为特征，各种年龄的猪都易感。本病毒与传染性胃肠炎的流行特点十分相似。

猪流行性腹泻的病原是猪流行性腹泻病毒。

2. 流行特点　各种年龄的猪都会感染，病毒可在猪群中持续存在，主要在冬季多发，夏季也可发生。

病毒存在于肠绒毛上皮和淋巴结，随粪便排出，污染周围环境，经消化道发生感染，病猪是主要传染源。哺乳仔猪、肥育猪发病率可达 100％，母猪发病率 15％～90％。

本病在有的场流行后，经过短期平静，又可复发，但病情较轻。

3. 主要症状　病猪表现呕吐、腹泻，迅速脱水。呕吐多在吃奶或吃食之后。腹泻粪便由糊状变为水样,黄色或灰黄色。少数猪体温升高1℃～2℃。

成年猪仅表现厌食、精神沉郁、呕吐;1周龄内仔猪常于腹泻后2～4天脱水死亡,病死率达50%;断奶仔猪、保育猪一般持续4～7天,逐渐恢复正常。

4. 主要病理变化 小肠肠壁变薄,充满淡黄色液体并呈现膨胀状态。个别肠黏膜有出血点,肠系膜淋巴结水肿,小肠绒毛变短、萎缩甚至消失。胃常是空的,或充满胆汁样的黄色液体。

5. 防治 防治措施同传染性胃肠炎。

六、混合感染疾病防治要点

2006年5月底,在南方部分地区开始发生的高热病疫情,通过流行病学调查、病原分离、动物试验,发现了高致病性蓝耳病变异病毒,证实主要是该病毒引起。仔猪发病率可达100%,病死率50%以上;母猪流产率可达30%以上;肥育猪也可发病死亡。疫情由南方蔓延到华北以至东北,造成了极严重的、空前的经济损失。高致病性蓝耳病病毒变异株(NVDC-JXA1)基因测序发现存在编码29个氨基酸的连续87个碱基缺失。该病毒与多种病毒和细菌、寄生虫的混合感染或继发感染,酿成高热病,后改称高热综合征,业内人士称混合感染疾病。

混合感染疾病并非从2006年高热病发生时才有,仅仅是2006年发生大范围的高热病的严重性给了人们很大的触动。2001年6月,我国江苏、山东等地发生一种急性传染病——猪高热病,以后每年不同地区都有该病的报道。2006年5月该病暴发于江西、江苏、浙江、湖南、广东,至冬季蔓延到全国。2007年3月该病在广东、广西、贵州、重庆等地再次暴发,较2006年病势稍有减缓。2008零星发生。2009年蓝耳病呈现散发流行较为缓和。

2010 年 6 月以来,猪高热综合征在南方多个省市的猪群中发生与流行,个别地区不断出现局部暴发,北方地区也有疫情。

(一)混合感染疾病的重要病原

1. 高致病性蓝耳病与其他病原混合感染 四川农业大学罗昊、四川大学王红宇等人对 3 个规模场 40 份病料检测,分离到高致病性蓝耳病病毒与猪瘟病毒、蓝耳病病毒、细小病毒、圆环病毒、巴氏杆菌、致病性大肠杆菌及沙门氏菌见(表 7-3,表 7-4)。

表 7-3 **3 个场 40 份病料检测到病原汇总表** (2007 年 12 月)

场 别	材料份数	变异蓝耳病病毒份数	普通蓝耳病病毒份数	猪瘟病毒份数	致病性大肠杆菌株数	沙门氏菌株数	巴氏杆菌株数
A	12	8	3	2	2	1	
B	13	6	1	2	3	0	1
C	15	7	0	0	2		

表 7-4 **3 个场 124 份血清抗体检测和 40 份病料的细菌分离** (2007 年 12 月)

场别	批次	124 份血清抗体保护率				40 份病原检测			致病菌	发病猪
		猪瘟	蓝耳病	细小病毒	圆环病毒	猪瘟	普通蓝耳病	变异蓝耳病	分离检测株	病死率
A	1	65	71	65	42	1/4	2/4	4/4	大肠杆菌 1 沙门氏菌 1	80% 以上
	2	83	80	75	40	1/4	0/4	2/4	大肠杆菌 1	70% 以上
	3	86	82	74	41	0/4	1/4	2/4	未分离到	30% 以下

续表 7-4

| 场别 | 批次 | 124 份血清抗体保护率 | | | | 40 份病原检测 | | | 致病菌 | 发病猪 |
		猪瘟	蓝耳病	细小病毒	圆环病毒	猪瘟	普通蓝耳病	变异蓝耳病	分离检测株	病死率
B	1	42	53	76	25	1/5	1/5	3/5	巴杆菌 1 大肠杆菌 1	50%以上
	2	98	46	73	25	0/4	0/4	2/4	大肠杆菌 2	30%以上
	3	93	53	74	21	1/4	0/4	1/4	未分离到	20%以下
C	1	64	79	83	13	0/5	0/5	4/5	大肠杆菌 2	50%以上
	2	98	91	82	15	0/5	0/5	2/5	未分离到	20%以上
	3	100	95	84	11	0/5	0/5	1/5	未分离到	10%以上

注：3个场发病初期(第一批)猪瘟、蓝耳病的抗体保护水平均不高,B、C 两个场比较,猪瘟抗体由 92%、98%分别下降至 42%、64%;蓝耳病抗体由 89%、96%下降至 53%、79%。3个场圆环病毒保护率很低,(42%、25%、13%)说明有隐性感染。

2. 圆环病毒 2 型与其他病原的混合感染 虞德平等对浙江省近 300 个发病猪场的检测显示,PCV2 感染占 80.23%,与蓝耳病病毒、猪瘟病毒混合感染的分别占 53.21%、45.21%,3 种病毒共同感染的占 18.2%。

廖荣斌等 2009 年全年接检 423 个猪场病料,其中 249 个场存在圆环病毒,占 58.86%。全年送检的 1 960 份病料和血清中,687 份存在圆环病毒 2 型感染,占 35.05%。

廖荣斌介绍,华中地区 100 个万头猪场,PCV2 与其他病原的混合感染率为:与 PRRSV 为 38%;与链球菌为 36%;与副猪嗜血杆菌为 25%;与波氏杆菌为 15%;与大肠杆菌为 14%;与沙门氏菌为 6%。

万遂如总结 2009 年我国主要猪病流行概况时指出,圆环病毒 2 型在我国猪群中普遍存在,种猪场检出率高达 82%,发病死亡的血清样本和组织样本检出率几乎达 100%。

3. 猪繁殖与呼吸综合征和猪瘟病毒的混合感染　江西农业大学万根等对 2007 年 6 月至 2009 年 7 月采集于江苏、江西等地的 323 份病料检测结果显示,PRRSV 阳性率为 85.14%(275/323),猪瘟病毒阳性率为 56.66%(183/323),PRRSV 和猪瘟病毒的混合感染率为 40.87%(132/323)。

4. 猪伪狂犬病毒(PRV)与其他病原的混合感染　卫秀余汇总 2006 年 300 多个发生无名高热症猪场的检测结果显示,伪狂犬病病毒阳性检出率 61.32%(130/212),比 2005 年的发病率上升了 19.1 个百分点,抗原检测和血清野毒抗体检测结果相符。

该检测显示其他病原的检出率:猪瘟病毒 26.9%(50/186)、蓝耳病病毒 39.5%(66/167)、圆环病毒 2 型 32.2%(28/87)、链球菌 73.8%(211/286)、巴氏杆菌 52.1%(149/286)、副猪嗜血杆菌 29%(83/286)、玉米赤霉烯酮 63.3%(19/30)、伏马酸 94.1%(32/34)等。

猪伪狂犬病是免疫抑制性疾病,能降低猪体免疫功能,导致免疫耐受,故临床上常见本病与多种病毒或细菌混合感染。

5. 猪流感病毒与其他病原的混合感染　猪流感在我国猪群中发生十分普遍,长江以南地区主要发生在夏季和冬、春季。

猪流感是一种免疫抑制性疾病,使机体发生严重的免疫抑制,使其免疫力低下,引起肺部混合感染。常见与蓝耳病病毒、呼吸道冠状病毒和多种细菌并发感染。

继发或并发感染的细菌有副猪嗜血杆菌、链球菌、多杀性巴氏杆菌、胸膜肺炎放线杆菌、肺炎支原体、沙门氏菌、附红细胞体等。

（二）暴发高热综合征的诱发因素

1. 猪繁殖与呼吸综合征（蓝耳病）病毒发生了变异 猪繁殖与呼吸综合征 1987 年发现于美国，后传入欧洲。1996 年我国首次发现，2001 年山东、江苏出现无名高热病例。2006 年在南方数省暴发流行，发现了蓝耳病病毒变异毒株。该病毒与经典蓝耳病病毒具有不同的致病特点。

2. 免疫抑制疾病广泛存在 猪的某些传染病损害机体的免疫系统，造成免疫抑制。目前，已经证实可造成免疫抑制的病原有蓝耳病病毒、圆环病毒 2 型、流感病毒、猪瘟病毒、伪狂犬病毒、胸膜肺炎放线杆菌、副猪嗜血杆菌、沙门氏菌、肺炎支原体、附红细胞体等。

这些病原体侵入机体的免疫器官如胸腺、脾脏、淋巴结、扁桃体，或侵入免疫细胞如 B 细胞、T 细胞、巨噬细胞等，损害免疫器官或使免疫细胞的活性降低，造成免疫抑制、免疫干扰，降低机体的抵抗力，增强了对疾病的易感性，继发或合并发生混合感染，使疾病的发病率和死亡率升高，控制难度增大。

3. 营养水平低下，机体的免疫功能下降 饲料中的蛋白质不足时，使机体合成免疫球蛋白不足；蛋氨酸长期不足时，可导致胸腺萎缩；苏氨酸不足可导致体液抗体水平下降；精氨酸不足可导致淋巴器官萎缩、淋巴细胞功能下降，造成免疫损伤。某些维生素（如复合维生素 B、维生素 C、维生素 E 等）和微量元素（如铜、锌、铁、硒等）是免疫器官发育，淋巴细胞分化、增殖、受体表达、活化及合成抗体的必需物质，这些营养物质缺乏或比例不协调，都可导致机体发生免疫抑制。受市场生猪价格长期低迷、猪场严重亏损的影响，许多猪场使用低价位、低质量的饲料，有的猪场则不使用预混料，造成猪只在一段时间内营养不协调或某些营养成分匮乏，使机体的免疫功能显著低下。

4. 霉菌毒素的危害　研究表明,霉菌毒素如黄曲霉毒素、赤曲霉毒素等不仅直接损害机体的免疫系统,还可抑制蛋白质的合成,从而影响抗体的产生,引起胸腺萎缩、吞噬细胞功能和补体产生能力下降。由于长期饲喂发霉的玉米等饲料,造成蓄积性中毒,猪体外观貌似健康,但实质器官早已受到了损伤,从屠宰和剖检临床可证实肝脏、肾脏、心脏、肺脏发生广泛的病损。复合霉菌毒素具有对多环节免疫功能和多器官正常生理功能的双重损害。

猪黄曲霉毒素中毒的一个重要影响是免疫功能下降,猪赭曲霉毒素中毒的特征是肾炎、肠炎和免疫抑制,烟曲霉毒素中毒引起心脏衰弱、导致肺水肿。不同霉菌毒素之间具有交互作用使毒性增强。

霉菌毒素急性中毒的病理变化表现为贫血、出血与黄疸,全身黏膜、浆膜、皮下和肌肉出血,肾脏和胃肠道出血、水肿;肺肿大、脾出血;心内、外膜出血,血液凝固不良等。

慢性中毒主要表现中毒性肝炎、肝肿大变硬,腹腔有大量腹水,淋巴结水肿、充血,肾苍白、肿胀。

5. 抗生素的危害　长期大量使用庆大霉素、卡那霉素、四环素、链霉素、新霉素等抗生素,会严重损害机体免疫细胞的功能,抑制细胞免疫,降低机体的免疫力和抗病力。

长期大量使用青霉素类药物,可干扰凝血机制而造成出血和中枢神经系统中毒,猪只发生抽搐,大小便失禁,严重者出现瘫痪症状。

长期使用链霉素、庆大霉素、卡那霉素、新霉素和大观霉素等对第八对脑神经和肾脏有损害作用,发生神经—肌肉接头阻滞作用,引起猪只呼吸麻痹而死亡。

头孢类、青霉素类、四环素类及磺胺类药物长期使用,可引起肾脏的损伤。

当前猪场存在的链球菌、多杀性巴氏杆菌、放线杆菌、葡萄球菌、支原体、沙门氏菌、大肠杆菌等对青霉素、链霉素、庆大霉素、卡那霉素、四环素、土霉素、金霉素、红霉素、喹诺酮类及磺胺类药物的耐药性不断提高。

华中农大分离鉴定出 34 个不同血清型大肠杆菌，其毒力很强，致病力很高，且对大多数抗生素不敏感。临床上有 75％的副猪嗜血杆菌都具有极强的耐药性。

6. 持续高温热应激的危害　猪在持续高温的热应激下，猪只的脑膜充血、脑实质急性变性，导致中枢神经功能紊乱或障碍。外界温度超过体温时，机体积热多散热少，新陈代谢旺盛，氧化不全的代谢产物大量蓄积，引起脱水、酸中毒、组织缺氧、碱储下降，影响中枢神经对内脏的调节作用，免疫功能下降或紊乱。

中枢神经功能紊乱、代谢紊乱、免疫功能紊乱状况下，业已感染在体内的病原菌迅速增殖，使猪只发病。持续高温热应激与高热综合征的暴发似有因果关系或连带关系。

7. 蓝耳病病毒对链球菌病的诱发和放大作用　链球菌在高热病发病场的检出率高。2001 年，俞国华等对浙江暴发无名高热症的 20 个场 40 头病猪检验分离到 8 株链球菌。2004—2006 年，成宜林等对江苏省滨海县因高热病送检的血清进行检测，结果链球菌 3 年总检出率高达 93.71％(879/938)，其中 2006 年更高，达 97％(374/386)。2005 年，卫秀余对上海周边 40 个场的检测结果显示，伪狂犬病毒、链球菌是无名高热症的主要病原，链球菌的检出率 62.5％。2006—2007 年对 15 个场的检测结果则显示，蓝耳病病毒和链球菌分别是检出率最高的病毒和致病菌，两者的检出率都是 66.7％。

蓝耳病病毒感染对链球菌的诱发和放大作用，使本来处于散发或潜伏感染状态的猪场发生链球菌病暴发流行。

1999 年，Galina 试验证实，用 SPF(无特定病原猪)小猪，单独接种蓝耳病病毒或链球菌，均不表现临床症状和病变，组织中链球菌数量也不大量增加。然而,预先感染蓝耳病病毒的 SPF 猪,当感染链球菌后则表现出致命的链球菌症状和病变。

2001 年,Feng 等试验,把蓝耳病病毒阴性母猪分为两组,其中一组母猪妊娠 98 天时经鼻腔接种 PRRSV,另一组不接种。两组母猪所产小猪全部乳前隔离饲养,并部分于生后 5 天接种链球菌。结果:产前感染过 PRRSV 的母猪所产小猪,接种过链球菌的 90.91％在感染后 7 天内死亡,未接种链球菌的只有 5.55％死亡;产前未感染 PRRSV 的母猪所产小猪,接种过链球菌的 21.74％在 7 天内死亡,未接种过链球菌的无一死亡。因母猪产前感染弱毒 PRRSV,使产后仔猪链球菌死亡率从 21.74％急剧上升至 90.91％,放大了近 5 倍。

(三)混合感染疾病的防治要点

1. 当前混合感染疾病的流行特点　当前猪混合感染疾病的流行特点仍然是以高致病性蓝耳病为主导的蓝耳病、猪瘟、圆环病毒 2 型等病毒性疾病混合或继发链球菌、副猪嗜血杆菌、肺炎支原体、胸膜肺炎放线杆菌、巴氏杆菌等。临床症状表现多样化,病猪体温升高(41℃～42℃),皮肤发红,耳朵发紫,出现呼吸道症状(喘)、消化道症状(腹泻)、神经症状(抽搐,有的瘫痪)。高致病性蓝耳病病毒较经典蓝耳病病毒的免疫抑制作用更强,发生更严重的继发感染及母猪流产甚至死亡。

同一个猪场可能同时存在高致病性蓝耳病病毒(HP-PRRSV)和经典蓝耳病病毒(PRRSV)。经典蓝耳病病毒代表毒株有 CH-1a 株、Bj-4 株、YA1 株等。高致病性蓝耳病病毒代表株有 Jx-A1 株、HuN4 株、SYO608 株等。HP-PRRSV 是由 CH-1a 逐步演变而来的。

不同毒株之间、不同毒株与活疫苗之间可能发生重组,使病情更加复杂、加大了控制难度。

蓝耳病病毒具有超强的逃逸机体清除能力,猪感染后排毒可达 6 个多月,在猪群中存在 2～3 年,长期循环排毒、感染。

猪只感染病毒产生的体液抗体不但不能干扰病毒繁殖,反而还具有促进作用,即具有抗体依赖性病毒增殖效应(ADE)。ADE 是指在一定抗体的存在下可介导和加强感染。研究表明,低滴度的抗体能促进 PRRSV 的增殖。

蓝耳病病毒能降低肺泡巨噬细胞的功能,导致机体免疫力下降,诱发多种病原的混合与继发感染,致使猪只发病死亡。

2. 预防混合感染的药物保健

(1)仔猪药物保健

①仔猪出生后肌内注射倍健(免疫核糖核酸)0.25 毫升,1 和 2 日龄分别口服止痢宝(乳酸杆菌)1 和 2 毫升。或 1 和 4 日龄肌内注射排疫肽 0.5 毫升,同时 1、2、3 日龄各服 1 次杆诺肽(芽孢杆菌活菌),每次 0.5 毫升。可有效预防红痢、黄痢、白痢和病毒性腹泻。

②1～3 日龄,每头用副猪清 2 克对水 20 毫升口服,每日 1 次,可预防腹泻和多种细菌感染。

③3 日龄补铁、硒,如牲血素 0.5～0.7 毫升,10 日龄再补 0.5 毫升(分 2 次补铁可防止 1 次补铁造成的铁中毒死亡)。

④仔猪转保育舍时饮电解多维水,减轻转群应激。

(2)保育仔猪药物保健

①喘束治(泰乐菌素、多西环素、微囊包被的干扰肽与排疫肽)500 克、溶菌酶 400 克、奇健(黄芪多糖)200 克、板蓝根粉 800 克,拌入 1 吨料中连喂 12 天。

②清开灵粉 2 000 克、氟康王(10%氟苯尼考、干扰素、转移因子)400 克、抗菌肽 160 克,拌入 1 吨料中连喂 7～12 天。

③保育猪转肥育前驱虫。

（3）肥育猪药物保健

①福乐（10％氟苯尼考、微囊包被的干扰素、转移因子）600克、溶菌酶400克、黄芪多糖粉1 500克、板蓝根粉1 500克、甘草粉200克，拌入1吨料中连喂7～12天。

②呼舒佳（泰妙菌素、佐剂）1 000克、抗菌肽200克、倍康肽（白细胞介素）300克、板蓝根1 500克、甘草粉200克，拌入1吨料中连喂7～12天。

③每吨水加双黄连膏粉（金银花、黄芩、连翘等）400克、细菌素100克、猪疫康67克，连饮12天。

（4）生产母猪药物保健　母猪妊娠中期与产仔前后各7天进行药物保健，不仅可预防繁殖障碍和高热综合征，而且有利于母猪与胎儿的健康发育以及产仔安全，减少子宫内膜炎、阴道炎、乳房炎及出生仔猪多种疾病的发生。

①清开灵粉2 000克、抗菌肽220克、排疫肽400克，拌入1吨料中连喂14天。

②鱼腥草粉4千克、猪疫康120克、加立健500克、细菌素150克，拌入1吨料中连喂14天。

③5％爱乐新800克、干扰肽1 000克、转移肽500克、溶菌酶400克、黄芪多糖粉2 000克，拌入1吨料中连喂14天。

用于预防混合感染疾病的非抗生素类药物种类很多，各地也有许多经验，不一一叙述。

3. 预防混合感染疾病的饲养管理措施　猪群的饲养环境、猪舍内条件直接影响猪只的健康水平和抗病力，前边已有叙述，归纳几条要点如下：①控制饲料原料和成品质量，防止霉变。②预防外来车辆、人员带入传染病。③认真执行管理人员、饲养员岗位职责和生产操作规程。④重视猪舍夏季防暑降温、冬季通风保温，空气质量良好。⑤重视猪舍内外环境卫生、消毒及个人卫生，重视生物安全和微生态平衡。⑥合理的营养水平，正确使用非抗生素产品提高机体的抗病力。⑦精细化饲养管理、改善饲养环境是防治疾病的基础。⑧合理使用疫苗和抗生素类药物。⑨定期检测重要疾病的免疫抗体、抗原，逐步净化猪瘟、伪狂犬病、蓝耳病等重大传染病。⑩认真执行《畜牧法》《防疫条例》等政策法规，认真执行"预防为主、防重于治"的方针，合理合法处理病死猪、淘汰猪。

七、肢蹄病防治

规模化养殖场猪的肢蹄病较多，有传染快、危害大的口蹄疫和非传染性疾病引起的其他肢蹄病，种猪因肢体病淘汰的不在少数。除病原性因素外，引起肢蹄病的因素较多，如遗传、营养、气候等，下面除口蹄疫外重点阐述因猪舍地面、疾病等原因引起的猪的肢蹄病及防治办法。

（一）猪口蹄疫

1. 病原　口蹄疫是由口蹄疫病毒引起的偶蹄兽的一种急性、热性和高度接触性传染病，对养猪业危害极大。

猪口蹄疫的病原是口蹄疫病毒（FMDV）。

2. 流行特点　少量的病毒就可引起猪发病。口蹄疫是以偶蹄动物的口、蹄等部位出现水疱为特征的急性传染病。处于潜伏期和发病期的动物，几乎所有的组织和器官都含有病毒。病毒随同乳汁、唾液、尿液、粪便、精液及呼出气体排出，污染环境，易感猪通过消化道、呼吸道等途径受到感染。

不同品种、年龄、用途和生理阶段的猪都可发病，10日龄内仔猪发病死亡率极高，可达100％。

本病以冬、春季节流行多发，夏季也有发生。

3. 主要症状　发病初期精神沉郁、发热、流涎、跛行，特征症状是口、鼻、蹄、乳房等无毛部位出现水疱，继而水疱破裂形成溃疡。口腔、舌面、上腭常出现豌豆大小的水疱,有时数目很多。鼻镜部也可发生多个水疱。新生仔猪发生急性死亡,常见不到病状。

4. 主要病理变化　咽喉、气管、支气管、胃黏膜有烂斑或溃疡。

仔猪心包膜有点状出血,心肌切面有灰白色或淡黄色斑点或条纹,似老虎皮肤上的斑纹,故称"虎斑心"。

与猪水疱病的鉴别,两者症状相似,但水疱病只感染猪而不感染其他家畜,且病的经过较轻,只有少部分(5%～10%)病猪鼻盘和口腔出现水疱和溃疡,少部分哺乳母猪(8%)乳房出现水疱,无心肌炎(心脏呈虎斑状)及胃肠炎发生,病死率也很低(即使是仔猪)。水疱透明度:口蹄疫病的水疱乳白色不透明,水疱病的水疱透明。水疱周边形状:口蹄疫的水疱破后周边不规则,水疱病水疱周边有规则。

5. 防　治

(1)疫苗预防　猪 O 型口蹄疫高效苗:仔猪 28 日龄首免,肌内注射 1 毫升,56 日龄加强免疫,肌内注射 2 毫升。妊娠母猪产前 1 个月免疫,每头 2 毫升。公猪每年免疫 3 次。

注射疫苗可同时注射猪用转移因子或倍康肽(白细胞介素-4),可有效提高免疫效果,抗体生成快、均匀度好、持续时间长,还可降低免疫抑制,减少免疫麻痹与免疫耐受性的发生,降低应激反应,增强抗病力。

(2)药物保健预防

方案 1:奇健(黄芪多糖粉)800 克、溶菌酶 400 克、板蓝根粉 1 000 克、干扰肽 800 克、转移肽 400 克,拌入 1 吨料中,连喂 12 天。

方案 2:清开灵粉 1 500 克、抗菌肽 400 克、口服排疫肽(5 种免疫球蛋白)500 克拌入 1 吨料中,连喂 12 天。

方案 3:洗心清毒散(柴胡、葛根、羌活、甘草)1 000 克、干扰肽

800 克、溶菌酶 400 克或洗心清毒散 1 000 克、抗菌肽 300 克、口服排疫肽 400 克,拌入 1 吨料中,连喂 12 天。在发病季节每月保健 1 次,可有效预防口蹄疫与其他病毒性疾病的发生与流行。

(3)发生疑似疫情时应急技术措施　场、舍封锁、隔离、消毒。可用 0.3% 过氧乙酸溶液、1% 强力消毒灵、1:800 卫康、1:800 消毒威等。病死猪无害化处理,深埋或焚烧。

立即接种,猪 O 型口蹄疫灭活苗,仔猪每头肌内注射 3 毫升,种猪每头 4 毫升。同时,注射猪用转移因子,或倍康肽(白细胞介素-4),仔猪每头 0.5 毫升,种猪每头 1 毫升。也可用猪 O 型口蹄疫合成肽疫苗,仔猪 3 毫升,中猪 4 毫升,大猪 5 毫升,配合使用猪用转移因子或白细胞介素-4 紧急接种。

(4)发病时药物控制　每吨饲料加喘束治(含泰乐菌素、强力霉素,微囊包被的干扰素、排疫肽)600 克、黄芪多糖粉 1 500 克、板蓝根粉 1 500 克、甘草粉 300 克、溶菌酶仔猪 200 克、成猪 300 克。

防治仔猪心肌炎:肾上腺素或樟脑磺酸钠注射液,每千克体重 0.1~0.15 毫升,每日 1 次。或用强尔心注射液,每千克体重 0.025~0.05 克。

(二)其他因素引起的肢蹄病

1. 主要诱发原因

(1)圈舍地面因素　在裂蹄猪群中,后肢蹄比前肢蹄发生裂蹄的多。这与圈面的光滑度有关。据调查:①地面光滑度适中,可见有密密麻麻的小点砂粒。②圈面过于光滑,看不见砂粒。③圈面过于粗糙,易见较大砂粒。这三种类型所饲养的母猪,其肢蹄软弱综合征的发生率有显著差异,前者的发病率很低,后两种类型的发病率较高。据观察集约化限位栏饲养猪的肢蹄外伤为 38.37%,显著多于水泥地面散养猪的 7.14%,水泥地面饲养猪的蹄底增生为 35.75%,显著高于漏缝地板养猪的 27.91%。

　　新场水泥圈面，由于未经清洗消毒，而显碱性或具有腐蚀性，易导致猪的肢蹄受损而裂蹄。地面坡度过小，栏舍过于潮湿，猪蹄长期泡在水中，蹄壳变软，耐压程度大大降低，加上湿地太滑，蹄部被损伤的机会增大；坡度过大则可导致猪只步态不稳，影响猪蹄结实度，引起肢势不正、卧地等缺陷。

　　（2）疾病因素　①蹄部损伤与外伤，进而感染坏死杆菌、化脓性棒状杆菌等。②感染节瘤拟杆菌。本菌引起的炎性损害作用很小，但它能产生强烈的蛋白酶，消化角质，使蹄的表面及基层易受侵害。在坏死梭杆菌等菌的协同作用下，易产生明显的腐蹄病损害。

　　2. 防治方法

　　（1）改善地面结构、质地和管理　进入秋后转凉季节，应普遍检查1次猪舍及舍内设施状况。如水泥、砖铺地面过于粗糙，可用砖或机械进行磨平，但也不要过于光滑，以防猪只滑倒。对饲槽、栏杆、隔墙的锐利部分也要磨平。舍内可适当铺设经过消毒的干草，既可护蹄、又能保温隔凉并防止肌肉风湿。

　　水泥地面要保持适宜的光滑度和小于 $3°$ 的倾斜度，地面无尖锐物、无积水，地面最好采用环氧树脂漏缝地板。

　　有条件的猪场可保持种猪有一定时间的户外活动，接受阳光，有利于维生素 D 的合成；新场的水泥地呈碱性，最好用些酸性液体洗地板后再进猪，比如醋酸既去碱性又消毒。

　　（2）勤于观察猪群，及时护理　已发生或刚发生裂蹄的猪，应尽量减少蹄裂猪的运动，但切忌久卧，要尽量大栏饲养，任其自由走动，少驱赶或"运动"，要每日数次帮助、强迫站立、活动，以防继发肌肉风湿，造成更大损失。

　　消毒后，用氧化锌软膏对症治疗，因蹄裂、蹄底磨损等继发感染，肢蹄发炎肿胀，可用青霉素、安福定、鱼石脂等治疗；也可用松馏油或鱼石脂涂抹裂蹄处；可用 $4\%\sim6\%$（硫酸铜）溶液消毒，硫酸铜浸涂裂蹄可以起到消毒杀菌、收敛伤口的作用;喷土霉素或普鲁卡因加青霉素封闭蹄上部有肌肉处,消毒后松馏油涂抹十分关键,以免伤口进一步感染与恶化,也可减少水分蒸发所带来的刺激。

要注意控制舍内湿度特别是公猪舍,尽量减少带猪消毒和地面潮湿,避免湿度骤然升高或过大,然后又很快干燥,秋天尤其要注意。

流血或感染伤口(要清创)涂碘酊,有条件的进行包扎,里面加药(比如填塞硫酸铜,水杨酸粉或高锰酸钾、磺胺粉),类似穿“保健鞋”的做法。

第八章　生猪养殖场粪污处理技术与资源化利用

一、规模化猪场粪污对环境的污染

近年来,随着养殖数量的增多,我国养殖场的数量和规模不断扩大,畜牧业的规模化、区域化和产业化进程呈现出加快发展的趋势,其中养猪业占有很大的比重。我国全年畜禽养殖业粪便废弃物的产生量约为 25.76 亿吨,其中猪年排泄粪便为 12.31 亿吨,占总粪便量的 47.8%,随着养猪业的发展,必然导致更大量的粪便废弃物,因此猪场粪污的治理成为低碳养殖发展的关键。

(一)规模化养猪场粪污的排放量及废水排放特点

1. 猪场粪污的排放量　规模化猪场猪的粪污排放量很大,一般而言,肥育猪产粪便 3.5 千克/(头·日),尿量 3.2 升/(头·日);种猪产粪便 5 千克/(头·日),尿量 5 升/(头·日);后备猪产粪便 3.5 千克/(头·日),尿量 3.2 升/(头·日)。

猪场排水量不仅与规模和清粪方式有关,还与饲喂方式和饲料品种、管理水平、季节温度有很大关系。如同等规模、同样清粪方式的不同猪场由于管理水平的差异,排污量会相差 50% 以上。因此在水量设计时要综合各方面因素,实际调查后确定设计水量。另外,猪场废水在清圈工作过程中产生,排放很不均匀。通常在上午、下午各集中排放 1 次,每次排放 30~60 分钟。

　　除了猪粪尿外,猪场废水的来源还包括清扫猪舍(人工清粪方式、水泡粪方式、水冲粪方式)所产生的废水及其他生活污水。猪场废水主要产生于清扫猪舍的过程。不同的清扫方式所用的冲洗水量不同,所产生的废水量也不同。平均每头猪冲洗水量人工清粪方式:10~15 升/日;水冲清粪方式:20~30 升/日。采用人工清粪方式是开展清洁生产、从源头控制污染总量的重要举措。各养猪场应坚持优先选用人工清粪方式,逐步将现有的水泡粪方式和水冲粪方式改造为人工清粪方式。

　　对猪场废水的调查表明,万头猪场采用人工清粪的用水量平均为 80 米³/日;万头猪场采用水泡粪的用水量平均为 175 米³/日;万头猪场采用水冲粪的用水量平均为 156 米³/日。无论哪种清粪方式,污水量均占用水量的 70% 左右。

　　2. 猪场废水的特点　　首先,猪场废水具有水量大,污水有机物浓度高的特点,如万头猪场污染排放负荷相当于 3 000~6 000 米³/日生活废水;其次,猪场污水还具有氨氮、总磷、悬浮物含量高的特点,这使得猪场污水具备资源性(可直接用于农田或作为生产饲料或复合有机物的原料)和污染性(对水体、土壤等均可造成不同程度的污染)的双重特点;另外,猪场污水还具有水温低,特别是冬季温度低的特点。猪粪污水的污染物特征见表 8-1。

表 8-1　猪粪污水的污染物特征

项　目	总固体浓度 TS(%)	化学耗氧量 COD (毫克/升)	生化需氧量 BOD (毫克/升)	氨氮 NH_3-N (毫克/升)	悬浮物 SS (毫克/升)	pH 值
未清除猪粪污水	1.5~2.5	13000~20000	6500~10000	2120~2500	11000~25000	6.8~7.2
清除猪粪的污水	0.3~0.6	6000~10200	3500~6000	500~1200	3000~5000	6.5~6.8

二、规模化养猪场粪污的危害

规模化猪场排放的大量而集中的粪尿与废水已成为许多城市的新兴污染源,是一些城市造成严重环境污染的根本原因。其对环境的危害主要表现为对大气、水体、土壤和人、畜健康的影响。

1. 对大气环境的影响　猪场粪污中除含有矿物质元素与药物外,还含有氮、磷等有机物,这些物质在厌氧条件下,会分解释放出酸臭的、带有刺激性的气体。恶臭气体中含有大量的氨、硫化氢等有毒有害成分,严重影响了空气质量。猪粪恶臭成分有 230 种。据调查,年出栏 10 万头的猪场,每天可向大气排放菌体 360 亿个、氨氮(NH_3-N)381.6 千克、硫化氢(H_2S)348 千克、粉尘 621.6 千克,污染半径可达 4.5～5 千米。

畜禽养殖业还排放同全球气温升高有关的温室效应气体,如甲烷(CH_4)、二氧化碳(CO_2)、一氧化二氮(N_2O)等。据报道,目前大气层中甲烷浓度以每年约 1% 的速度增长,其中养殖业年释放约占大气中甲烷气体的 1/5。随着畜牧业产业化的进程,甲烷释放量会更加巨大,对环境造成的影响也将更加严重。此外,畜禽舍粉尘还是许多人兽共患病病菌和寄生虫的主要载体,会影响到人、畜的健康。

2. 对水体水质的影响　猪场粪污水属于高浓度有机废水,氨氮含量也很高。据化验分析,在猪场 1 克的粪污水中平均含 83 万个大肠杆菌和 69 万个肠球菌;沉淀池内每升污水中蛔虫和毛首线虫卵高达 193.3 个和 10^6 个。粪污水中的 BOD、SS(固体悬浮物)浓度严重超出农田、鱼塘排放水标准,高浓度的畜禽养殖污水排放到江河湖泊后,会使水中的 SS、COD、BOD 和微生物含量升高,使水质变坏。粪污中有机物的生物降解和水生生物的繁殖会大量消耗水中的溶解氧(DO),导致水体富营养化,严重时水体会发黑,变臭,造成持久性的有机污染,使原有水体极难治理和恢复。

我国现有的养猪场粪污处理率不足 20％,大部分养猪场均存在处理设施能力不足的情况。在不同地区、不同管理水平下猪场粪污的流失程度差异很大。全国猪场粪便污染物进入水体的流失率保持在 3％～6.2％的水平,而液体排泄物则可能达到 50％。个别地区畜禽粪便进入水体的流失率更高,如上海地区的调查表明,畜禽粪便进入水体的流失率可达到 25％～30％。未经处理的高浓度有机废水的集中排放,不仅会污染江河湖泊等地表水、使水体产生富营养化,还会渗入地下污染地下水、使地下水中的硝态氮或亚硝氮浓度增高。污染物污染地下水,使地下水源含氧量减少,水质变臭、失去饮用价值。一些养殖场距地面 100 米地下水中的氨氮含量已超出正常值的 2～3 倍,严重危及养殖场周围地下水水体的质量和居民的健康,也影响了养殖业自身的可持续发展。

3. 对土壤的影响 据有关部门试验表明,猪场粪尿的溶淋性极强,其所含氮、磷及 COD 等的溶淋量很大,若不及时、妥善地处理,就会通过地表径流在土壤中不断积累导致水体严重污染,使土地丧失生产能力。如果污染物排放量超过了土壤本身自净能力,便会出现降解不完全和厌氧腐解,产生恶臭物质和亚硝酸盐等有害物质,引起土壤的组成和性质发生改变,破坏其原有的基本功能。此外,含有大量养分和各种元素的粪污的施用还会使作物徒长、倒伏、晚熟或不熟,造成减产,甚至毒害作物,特别是幼苗出现大面积死亡。日常生产中长期使用高浓度的粪污,使得土壤中的重金属或有毒物质大量增加,这不但会抑制作物的生长,而且作物有富集这些元素的作用,当作物中含有这些金属元素的浓度超过一定标准,就会影响人类的健康。

尽管猪场均有堆积粪便的场所或处理粪尿、污水的贮粪池等设施,但是大多数贮粪池底部不防水,很多污水渗入土层中,对土壤造成了污染。遭受污染的土壤为蝇类及寄生虫提供了寄生场所，使其生长繁殖加快，也使土壤环境受到进一步污染，给畜禽和人类生存带来严重危害。

4. 对人、畜健康的影响　猪体内的微生物主要是通过消化道排出体外的，粪便是微生物的主要载体。实践表明，畜禽粪尿与废水污染了水、饲料和空气，最终会导致畜禽传染病和寄生虫病的蔓延，严重时会成为威胁畜禽生存的最重要因素。据报道，10%～40%的动物粪便含破伤风梭菌，各种家畜粪便中几乎都能检出沙门氏菌属、志贺氏菌属、埃希氏菌属及各种曲霉属的致病菌型。如不及时处置还会滋生蚊蝇，致使环境中的病原种类增多，严重危害人、畜健康。世界联合国卫生组织（WHO）和联合国粮农组织（FAO）的有关资料报道，目前全世界人兽共患疾病如炭疽、禽流感、结核病等约有 250 种，我国已发现 120 多种。

　　猪场粪污带来的各项污染问题，不仅对周边环境造成影响，还危害猪场生产环境，影响猪肉产品的品质和产量，最终对养猪业的经济效益产生不良后果。猪场粪污已造成不可忽视的环境污染，同时也制约着养猪业的发展。猪场粪污的妥善处理和资源化问题已经刻不容缓。

三、粪污无害化处理

　　猪粪含有多种营养物质，具有肥料（营养源）、饲料、燃料（能源）三重功能，因此猪粪的处理技术和工艺也旨在资源化处理，实现其三重功效。

（一）肥料化

　　畜粪还田作肥料是一种传统经济的处理方法。但是畜粪还田量要与周围农田的消纳量保持一致，且还田前必须经过一定的生物处理，否则会导致硝酸盐、磷及重金属的沉积，从而造成水土污染,影响作物正常生长。常用的生物处理方法是好氧堆肥,即在微生物的作用下,通过高温发酵使有机物矿化、腐殖化和无害化而变成腐熟肥料。

肥料化包括静态堆肥和装置堆肥:静态堆肥不需要特殊设施,投资少,但占地面积大,效率低,周期长;装置堆肥需要专门的堆肥设施,如深槽等,便于控制堆肥的温度和通气量,同时为提高堆肥效率还需添加大量的促腐微生物菌群,其优点是占地少,效率高,周期短。

随着我国绿色和有机食品的发展,有机肥料的需求量不断增加,相应涌现了一批有机肥生产厂,但目前用畜禽粪便生产有机肥所占的比例仍极低,在发展养殖业的同时应大力发展有机肥生产,促进有机农业的发展。

堆肥分为好氧静态堆肥方式和动态堆肥发酵方法。前者包括自然堆肥法、静态主动供氧堆肥、机械翻堆静态堆肥等;后者包括滚筒式发酵器和生物发酵塔。

自然堆肥法:将粪便拌匀摊晒在干燥的地方,利用太阳和自然被动通风。

静态主动供氧堆肥:混合堆肥物料成条垛堆放,通过人工或机械设备对物料进行不定期的翻堆。条垛的高度、宽度和形状完全取决于物料的性质和翻堆设备的类型。供氧是通过翻堆促使气体交换来实现的,同时通过自然通风使料堆中的热气消散,粪便有机物静置堆放 3~5 个月即可完全腐熟。为加快发酵速度和免去翻垛的劳动,可在垛底设穿孔通风管,用鼓风机在堆垛后的 20 天内经常强制通风。此后,静置堆放 2~4 个月即可完全腐熟。

机械翻堆静态堆肥:是利用搅拌机或人工翻堆机对肥堆进行通风排湿,使粪污均匀接触空气,粪便利用好氧菌进行发酵,并使堆肥物料迅速分解,防止臭气产生。通常发酵时间为 7~10 天,翻堆次数为每日 1 次。

　　滚筒式发酵器特别适合小型养猪场畜禽粪便堆肥。滚筒式发酵器控制在一定的旋转速度，物料从上部投加，从下部自动出料，不断滚动从而形成好氧环境。该设备具有较高的自动化程度。北京环境科学院曾经采用这一产品处理城市污水污泥，发酵周期仅仅为 5 天，就达到了静态强制曝气堆肥 15～30 天的效果。

　　温度是堆肥过程的最重要的指标，有研究表明 50℃～55℃是堆肥腐熟的最佳温度，温度也是杀死粪便和垃圾中细菌病原体的一个重要因素。美国环保署（USEPA）要求在箱式处理中要不少于 3 天持续 55℃ 以上的高温，或者条垛搅拌式堆肥要不少于 14 天持续 55℃ 以上的高温。《高温堆肥卫生指标》GB 7959—87 规定最高堆温达 50℃ 以上，并持续 5～7 天是符合标准的。含水量是堆肥过程中的主要控制参数，最佳含水量是 50%～60%。当含水量超过 70% 或低于 40% 时，堆肥温度上升将受到抑制。另外，好氧堆肥过程中氧气是一个重要的限制因子。已有的研究表明，如果堆体中的氧气缺乏或含量小于 8%，好氧堆肥过程将受阻。

　　从外观来看，堆肥腐熟度较好的产品无臭味，有明显的腐殖气息，不吸引蚊蝇，呈疏松的团粒结构。也可采用 NO_3-N、NH_4^+-N、NH_4^+/NO_3^- 作为堆肥产品腐熟度的指标：NH_4^+-N＜400 毫克/千克，NH_4^+/NO_3^-＜0.16。所有堆肥产品都必须符合高温堆肥卫生指标 GB 7959—87 中的相关规定。堆肥产品中有害污染物的控制标准可以参考《农用污泥中污染物控制标准》（GB 4284—84）中的有关参数执行。在国家有关有机肥的标准颁布后，堆肥产品的有关标准应执行相应的标准。

（二）饲料化

　　业界就粪便饲料化问题已经进行了诸多研究，认为粪便中含有氮素、矿物质等能够取代饲料中的某些营养成分。如猪粪中含粗蛋白质 23.5%，粗纤维 14.8%，总消化氮 15.3%，磷 2.13%，钙 2.72%；除此以外，还含有大量维生素 B_{12} 和微量元素，可以适当加工和配比，用作反刍动物饲料。由于粪便也是有害物，包括病原微生物、化学物质、杀虫药、有毒金属、药物和激素等的潜在来源，在粪便饲料化时，要禁用治疗期的粪便，在动物屠宰前要减少粪便饲料的使用量或停用粪便饲料。粪便饲料化的安全问题是不容忽视的。

（三）燃　料　化

将粪便进行厌氧发酵，可抑制或杀死其中的病原菌和寄生虫卵，发酵产物——沼气有多种用途，如沼气取暖、照明、储粮、孵化、发电等，但主要用作生活燃料。

沼肥含有多种常量、微量元素和生理活性物质，可用来浸种、养鱼、喂猪、肥田等，从而实现粪便的肥料、饲料和燃料等多种功能。畜禽粪便厌氧发酵不仅资源化处理了粪污，而且推进了可循环生态型农业的发展。实践证明，以沼气发酵为纽带的多种生态农业模式均取得了较好的经济效益。

四、规模化猪场臭气的控制

规模化猪场恶臭是指对人和猪产生有害作用的气体物质和使人的嗅觉产生厌恶感的气体。集约化和规模化养猪生产中，一般年产万头的养猪场，排污量至少 3 万吨，在适宜温度、湿度、厌氧环境、发酵条件下可产生大量恶臭，同时日常管理工作中往往忽视了猪场内排污沟清理、猪舍通风和其他卫生管理措施，使恶臭气体浓度过高（如有时 NH_3 浓度可超过 40 毫克/米^3），对人的身心健康和猪群健康带来了严重的危害，经常诱发呼吸道疾病的发生，已成为养猪生产卫生管理工作中比较突出的问题。为提高养猪效益，应积极采取综合措施以清除或减少恶臭的危害。

（一）恶臭的产生

规模化猪场中恶臭主要来自猪的粪污水、垫料、饲料等的腐败分解。此外，猪的新鲜粪便，消化道排出的气体，皮脂腺和汗腺的分泌物，黏附在体表的污物，呼出气中的二氧化碳（含量比大气约高100倍）等都会散发出难闻的气味。猪的粪尿在腐败分解过程中，蛋白质、氨基酸因细菌活动而进行的脱羧和脱氨作用对恶臭物的产生最为重要。此外，猪场内空气中的粉尘与猪场臭气产生的关系密切。粉尘是微生物的载体，并吸附大量的挥发性臭气（不饱和醛、粪臭素等）。同时，微生物不断分解粉尘有机质而产生臭气。

有研究表明，猪粪恶臭成分有230种。其中对猪危害最大的恶臭物质主要是 NH_3、H_2S 和 VFA（挥发性脂肪酸），其中 NH_3、H_2S 的危害已经为众多养殖户熟知。VFA 是一种混合物，以 n-C_4 和 i-C_5 的臭味较强，其蒸气有强烈的刺激性、腐败臭味，对猪只眼睛和呼吸道有刺激性，并引起猪烦躁不安，采食量下降，体质变弱，易发生呼吸道疾病。高浓度的 VFA 环境中，猪会发生呕吐、呼吸困难、肺水肿等。

（二）恶臭的控制措施

1. 科学设计日粮，提高饲料转化率　猪采食饲料后，饲料在消化道消化过程中（尤其后段肠道），因微生物腐败分解而产生臭气；同时，没有消化吸收的部分在体外被微生物降解，也产生恶臭。产生的粪污越多，臭气就越多。提高日粮的消化率，减少干物质（特别是蛋白质）排出量，既减少肠道臭气的产生，又可减少粪便排出后臭气的产生，这是减少恶臭来源的有效措施。试验证明，日粮消化率由80％提高至90％，粪便干物质排出量就减少1/3；日粮蛋白质减少 2%，粪便排泄量就降低 20%。

采用经氨基酸平衡的低蛋白质日粮。氮是猪粪尿产生恶臭的主要物质之一。猪饲料中氮含量很高，但只有一小部分氮沉积在动物体内，大部分排到环境中。1 头猪从断奶到体重达 100 千克屠宰时，消耗 8～9 千克氮，其中被吸收沉积为瘦肉的氮不超过 3 千克，5～6 千克氮被排泄掉，在被排泄的氮中 33% 在粪便中、67% 在尿中，排入环境中的氮在 70% 以上。减少氮排出量最有效的方法是在保持日粮氨基酸平衡和满足猪生长发育需要的前提下，降低日粮中蛋白质含量。用合成氨基酸取代日粮中完整蛋白质可有效减少排泄物中的氮。

采用湿拌料喂养。采用液态料饲喂生长、育成猪，饲料的适口性好，消化利用率高，无粉尘，减少猪的呼吸道疾病，并降低成本，猪生长速度快；试验结果表明，与饲喂干粉比较，给猪饲喂液态饲料，饲料转化率可提高 9.19%～12.08%，猪的粪便量随之相应减少。

2. 合理使用饲料添加剂 日粮中添加酶制剂、酸制剂、EM 制剂、丝兰属植物提取物、沸石等，除提高猪生产性能外，对控制恶臭具有重要作用。

(1)酶制剂 日粮中添加酶制剂可提高氮的消化率，又可提高碳水化合物的利用率。Vandelholm(1997)报道，在仔猪饲料中添加 0.1% 的木聚糖酶，饲料干物质和氮的利用率分别提高 21% 和 34%。Bass 等(1996)的消化实验证明，使用酶制剂，使粗蛋白质消化率提高 9%，干物质消化率提高 6%。

(2)酸制剂 主要通过降低消化道 pH 值来影响仔猪对营养物质的消化作用，减少腹泻率及腹泻带来的恶臭。大多数研究表明，日粮中添加有机酸可提高仔猪对蛋白质的消化和吸收，提高氮在机体内的存留。

(3)EM 制剂 是一种新型的复合微生物制剂，可增加猪消化道内有益微生物的数量,调节体内的微生物生态平衡、防治仔猪下痢,促进生长发育,提高猪的饲料转化率,减少肠道内氨、吲哚等恶臭物质的产生。据北京市环境保护监测中心对 EM 除臭效果进行测试的结果表明,使用 EM 1 个月后,恶臭浓度下降了 97.7%,臭气强度降至 2.5 级以下,达到国家一级标准。

(4)丝兰属植物提取物 饲料中添加丝兰属植物提取物,可有效降低有害气体的浓度。因丝兰属植物提取物有 2 种含铁糖蛋白,能够结合几倍于其分子量的有害气体,故其有除臭作用。据美国巴迪大学报道,在每千克猪饲料中添加商品名为"惠兰宝-30"的丝兰属植物提取液 112 毫克后,猪舍中氨气浓度下降了 34%,硫化氢浓度下降了 50%,并提高了猪日增重与饲料转化率。

(5)沸石 沸石孔道体积占沸石体积的 50% 以上,表面积很大,对氨气、硫化氢及水分有很强的吸附力,因而可降低猪舍有害气体的浓度。据报道,在猪日粮中添加 2% 沸石粉可提高饲料转化率 3.25%,并降低粪便水分与臭味。

3. 加强猪场卫生管理

(1)正确设置猪场内的建筑 猪场内要建硬质的有一定坡度的水泥路面,生产区要设有喷雾降温除尘系统,有充足的供水和通畅的排水系统。

(2)合理设计猪舍 在猪舍内设计除粪装置,窗口使用卷帘装置,合理组织舍内通风,注意舍内防潮,保持舍内干燥,对猪只进行调教,定点排粪尿,及时清除粪便污物,减少舍内粉尘、微生物,尽量做到粪尿分离。

(3)改进生产工艺 采取用水量少的清粪工艺——干清粪工艺,使干粪和尿污水分流,减少污水量及污水中污染物的浓度。

(4)做好规模化猪场粪便处理 建造位置恰当、容积适宜的专用粪房、粪池,及时对粪便进行高温快速干燥,或者堆肥处理,或使用除臭剂,并有效地把堆肥应用于农业生产。

①高温快速干燥 采用煤、重油或电产生的热量进行人工干燥。干燥需干燥机,国内使用干燥机大多为回转式滚筒,在短时间内(约数十秒钟)受到 500℃～550℃的作用,猪粪中水分可降至较低水平,有效控制恶臭的产生。

②堆肥处理 建堆肥棚及堆肥处理槽(坑)。堆肥棚主要防雨水,侧面全遮,前、后面敞开式,其大小据猪饲养量决定,但空间应大,利于通气。两侧为二道水泥墙,地面为水泥结构,设置通气孔,墙距约 3 米,墙高 1.7 米,长度视需要而定。粪便收集好后,注意控制适当水分,定时注入空气,把堆积粪便温度控制在 30℃～60℃,每周翻动 1～2 次,降低臭气,加速发酵,整个过程需 6～8周,而后直接把堆肥运走或直接用于种植业。

③使用除臭剂 猪粪便的除臭主要包括物理除臭、化学除臭和生物除臭几方面。物理除臭剂主要指一些吸附剂和酸制剂。吸附剂可吸附臭味,常用的有活性炭、泥炭、锯木屑、麸皮、米糠等,这些物质与猪粪混合,通过对臭气物质的分子进行吸附来降低猪粪的臭味。酸制剂主要是通过改变粪便的 pH 值达到抑制微生物的活力,或中和一些臭气物质来达到除臭目的。常用的有硫酸亚铁、硝酸等。化学除臭可分为氧化剂和灭菌剂。常用的有高锰酸钾、过氧化氢等,其作用是使部分臭气成分氧化为少臭或无臭物质。生物除臭主要指活菌制剂,其作用是通过生化过程脱臭。有专家将分离出的放线菌接种于猪粪便中,NH_3、H_2S、VFA 等恶臭物质很快消失。有试验证明,从泥炭腐殖质或活性污泥中分别挑出硝化菌和硫细菌,经驯化后,硝化菌可清除粪便中的氨,硫细菌可抑制二甲基硫化物(DMS)等的产生。

④滤塔沉淀处理工艺 包括分离,分解、过滤,沉淀,排水 4 个过程。

分离:用固液分离机将污水中固形物与液体分离,由于固形物主要由有机物组成,可以直接堆积、处理,而污水自然流入进料口进入下一步处理。

分解、过滤：通过生物滤塔使分离的稀液净化，生物滤塔是依靠滤过物质附着在滤料表面所建立的生物膜来分解污水中的有机物，以达到净化的目的，使污水的有机物浓度大大降低。

沉淀：可使50%左右的悬浮物下沉，并在沉淀池中添加一定量的絮凝剂，悬浮物去除率可达85%～90%。

排水：把通过沉淀的污水（经过净化后水质已明显改善）重新用于冲洗猪舍，或排入下水道。

五、规模化猪场大中型沼气工程技术

规模化猪场的固体污染物（主要是粪便，栏舍垫料、废饲料等）和液体污染物（主要是尿和冲洗水）具有总量大、有机物含量高的特点。在实际处理养猪场粪污工程中，运用化学和物理法处理成本高、投资大；运用生物处理时好氧法处理能耗大，很难在规模化养殖场中推广和应用。根据养殖污染防治中的综合利用优先、无害化、资源化和减量化的原则，通过建立沼气工程，进行厌氧消化处理，这样在处理污染物的同时，既可以得到沼气，同时处理后得到的沼肥、沼液还可作为有机肥、有机农药等用于农业生产。规模化猪场大中型沼气工程技术，就是利用工程手段，通过厌氧发酵技术及相关技术和设备解决养猪业粪污的处理与综合利用，其工程核心技术是厌氧发酵，并通过沼气、沼渣和沼液利用，粪污水的达标处理，实现能源与环保并举、养殖与种植结合、多种效益同在，实现生态农业与养殖业的可持续发展。

(一)沼气的性质

沼气是有机物质在厌氧条件下经过多种细菌的发酵作用而最

终生成的一种混合气体。它的主要成分是甲烷（CH_4），通常占总体积的 50％～70％；其次是二氧化碳，占总体积的 30％～40％；其余硫化氢、氮、氢和一氧化碳等气体约占总体积的 5％左右。沼气是一种良好的气体燃料，燃烧时火焰呈蓝色，最高温度可达1 200℃ 左右。沼气中因含有二氧化碳等不可燃气体，其抗爆性能好，辛烷值较高，又是一种良好的动力燃料。甲烷与沼气的主要理化性质见表 8-2。

表 8-2　甲烷与沼气的主要理化性质

理化性质	甲烷（CH_4）	标准沼气
体积（％）	54～80	100
热值（千焦/米³）	35820	21520
密度（克/升标准状态）	0.72	1.22
比重（与空气相比）	0.55	0.94
临界温度（℃）	−82.5	−25.7～−48.42
临界压力（×10⁵帕）	46.4	59.35～53.93
爆炸范围（与空气混合的体积百分比）	5～15	8.80～24.4
气　味	无	微　臭

注：标准沼气含 CH_4 60％、CO_2＜40％。

（二）大中型沼气工程建设内容及工程分类

1. 大中型沼气工程建设内容　大中型沼气主要建设内容为"一池三建"，包括原料预处理单元、沼气生产单元、沼气净化与贮存单元、沼气利用单元、沼渣沼液综合利用单元等设施设备，配套建设供配电、控制、给排水、消防、避雷、道路、绿化、围墙、业务用房等设施设备。

2. 大中型沼气工程分类

(1)中型沼气　单体装置容积 300～500 米^3,总体装置容积 300～1 000 米^3,日产沼气量 300～500 米^3。适用于年存栏量 1 500～5 000 头猪当量的养殖场。

(2)大型沼气　单体装置容积 500～2 500 米^3,总体装置容积 500～5 000 米^3,日产沼气量 500～5 000 米^3。适用于年存栏量 5 000～50 000 头猪当量的养殖场。

(3)特大型沼气　单体装置容积大于 2 500 米^3,总体装置容积大于 5 000 米^3,日产沼气量大于 5 000 米^3。适用于年存栏量大于 50 000 头猪当量的养殖场。

(三)大中型沼气工程建设模式

1. 按处理利用方式分类

(1)能源—生态型　见图 8-1。

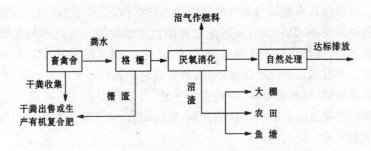

图 8-1　能源—生态型示意图

该模式以厌氧消化为主体工艺,资源回收与利用主要是畜禽粪便经沼气池发酵后,所产生的沼气、沼液、沼渣按食物链关系作为下一级生产活动的原料、肥料、饲料、添加剂和能源等进行再利用;同时,结合氧化塘或土地处理等自然处理系统,可使处理水在非利用季节达到排放标准。

人工清除干粪后,冲洗水进入格栅,将残留的干粪和残渣拦截并人工清除。清除的干粪出售或生产有机复合肥。固液分离后的猪场污水进入厌氧处理系统。在厌氧处理系统中颗粒状的无机、有机物通过厌氧消化得以降解,寄生虫卵和病原菌也被抑制或杀死。

沼液、沼渣可作为肥料进行综合利用,沼液还可用作添加剂喂猪效果好。沼液、沼渣喂鱼不但可提高成鱼产量,降低成本,而且发病率也大大减少。

沼气工程产生的沼气可作为燃料使用,或用沼气发电,以补充电力的不足。还可利用沼气燃烧产生的二氧化碳进行气体施肥,不仅具有明显的增产效果,而且生产出的是无公害蔬菜。同时,利用沼气中甲烷和二氧化碳来调节贮藏环境中的气体成分,控制粮食、水果的呼吸强度,减少养分消耗,实现无虫保鲜,达到产品增值的目的。

该模式可促进农业有机肥的施用,推行农业清洁生产工艺,节制性地使用无机化肥,促进绿色食品产业的发展。有机肥与化肥相比,对提高作物产量和品质、防病抗逆、改良土壤等具有显著功效。若有机肥和化肥配施,对缓解我国化肥氮、磷、钾比例失调,解决我国磷、钾资源不足,促进养分平衡,都有重要作用。有机肥的利用可促进农业有机持续的发展,农牧结合、实现物质良性循环和生态平衡。

(2)能源—环保型　见图8-2。

该模式由预处理、厌氧处理、好氧处理、后处理、污泥处理及沼气净化、贮存与利用等组成,需要较为复杂的机械设备和要求高的建筑物,其设计、运转技术水平要求较高。与能源生态模式相比,该模式技术含量高,出水水质高。用水将粪尿冲入粪沟,通过固液

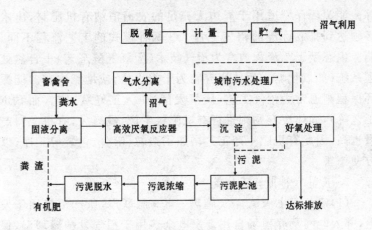

图 8-2　能源—环保型示意图

分离机将固态粪分离出来，分离出的粪渣出售或生产有机复合肥。沼气技术可采用高效厌氧反应器；好氧处理系统有活性污泥法、接触氧化法、间歇式活性污泥法(SBR)。如果离城市污水处理厂比较近，厌氧处理出水在达到《畜禽养殖污染物排放标准》后可以排入城市污水处理厂与城市污水一起处理。

　　该模式沼气工程通常规模较大，和能源生态型模式有相近之处，又有所不同。

　　相同之处：均利用沼气技术处理农业废弃物，回收废弃物中可用的资源，沼气作为燃料户用；沼液、沼渣作为肥料、饲料农用或饲用；固体废弃物采用生物堆肥技术生产有机肥，使农业废弃物变废为宝，促进农业的良性循环。

　　不同之处：①两种模式追求的目的不同。能源生态型侧重于沼气、沼液、沼渣等资源的回收、利用；而能源环保型侧重点在于处理终产物必须符合国家或地方排放标准，达标排放。②适用的规模和条件不同。能源生态型通常适用于周边有一定规模的农田以进行土地利用的沼气工程，有空闲地可供建造鱼塘和水生植物塘等。能源环保型适用于周边无充足的农田消纳有机肥料,出水必须达到排放标准的沼气工程。③两种模式的工艺流程不同。能源生态型工艺流程通常为沼气技术(厌氧发酵工艺)+自然处理系统(如氧化塘),固体废弃物为干粪出售,或堆肥农用。能源环保型则通常为沼气工艺(厌氧发酵)+人工好氧工艺(如 SBR工艺等),固体废弃物则进行有机肥料生产,规模大,有机肥料产量也高,因此有机肥生产工艺增加了造粒、筛分、包装等工序,以方便销售。

2. 按沼气利用方式分类

(1)沼气发电模式　实施热—电—肥联产,所产沼气用于发电,并入电网及养殖场自用。发电余热用于沼气发酵罐增温、保温,沼渣用于生产固态有机肥,沼液用于还田。适宜远离居住区、有足够农田消纳沼液,以畜禽粪便为原料的大型或特大型沼气工程。

(2)沼气集中供气模式　所产沼气供周围农户使用,沼渣沼液用于还田。适宜离居住区较近、有足够农田消纳沼渣沼液,以畜禽粪便或秸秆为原料的大中型沼气工程。

(3)沼气混合利用模式　所产沼气供周围农户使用,剩余部分用于发电自用。沼渣沼液优先作为有机肥还田利用,农田难以消纳的沼液经过氧化塘、人工湿地处理后达标排放或经消毒后回用于冲洗圈舍。适宜农户居住分散、没有足够农田消纳沼液的大中型沼气工程。

(四)大中型沼气工程发酵工艺与装置

一个完整的大中型沼气工程,无论其规模大小,都包括了如下的工艺流程:原料(废水)的收集、预处理、沼气池、出料的后处理、沼气的净化、贮存和输配等。

1. 原料的收集　大中型沼气工程正常发酵需要充足而稳定

的原料供应,不少沼气工程因原料来源的变化被迫停止运转或报废。原料的收集方式直接影响原料的质量,如一个猪场采用自动化冲洗其原料浓度一般只有 1.5%～3.5%,若采用刮粪板刮出,则原料浓度可达 5%～6%,如手工清运则浓度可达 20%左右。因此,在养猪场设计时就应当根据当地条件合理安排废物的收集方式及集中地点,以便就近进行沼气发酵处理。

2. 原料的预处理 养猪场废水处理系统应前端设置调节池,以避免水量冲击负荷对后续废水处理工艺的影响。调节池的有效容积为日设计流量的 80%～100%。在规模较大的养殖场,可考虑采用水解池替代调节池。一方面水解池可降解来水中的大分子有机物为小分子有机物,提高粪水的可生物降解性,增加整个处理系统的运行稳定性;另一方面水解池具有有效降低来水中 SS 的功能。以水解池替代调节池对于后续的厌氧处理的启动和运行有重要的促进作用。调节池或水解池产生的污泥应定期清淘,与其他废渣一同处理。

3. 消化器(沼气池) 消化器或称沼气池是沼气发酵的核心设备,微生物的繁殖、有机物的分解转化、沼气的生成都是在消化器里进行的,因此消化器的结构和运行情况是沼气工程设计的重点。

厌氧工艺不仅可大量去除可溶性有机物(去除率可达 85%～90%),还可杀死传染病菌,有利防疫。厌氧工艺可产生沼气、沼液、沼渣,是畜禽粪污得以综合利用的重要手段。我国规模化畜禽场粪污厌氧处理工程的兴建起始于 20 世纪 70 年代末,早期建池容积 50～100 米³,地下池,常温发酵,装置产气率较低,一般 0.2～0.3 米³/(米³·日)。至 20 世纪 90 年代前后,杭州、上海等地新建畜禽粪污厌氧反应池的产气率可达 1.5～2 米³/(米³·日),如杭州浮山养猪场、上海星火农场等。养猪场粪污厌氧生物处理工程的产气率具体参数是:猪粪中温消化(35℃～38℃),装置产气率达 1.7～2.2 米³/(米³·日);猪粪常温消化(18℃～

25℃),装置产气率达 1.5～2 米³/(米³·日)。猪粪低温消化(9℃～13℃),装置产气率达 0.2～0.3 米³/(米³·日)。生产的沼气用于职工生活、食堂、饭店,用于保育和产房圈舍保温及沼气发电等,已获得显著能源效益。

4. 沼气利用系统 沼气首先被收集起来经输气系统输送到沼气柜,再从沼气柜经配气系统配送到用户。沼气柜一般按平均日产气量的 25%～40% 计算。在输气管道的适当地点应设水封罐,以便调整和稳定压力,在消化池、贮气柜、压缩机、锅炉房等构筑物之间起隔绝作用。水封罐也可兼作排除冷凝水之用。沼气中硫化氢的体积含量一般占 0.005%～0.01%。在进入沼气柜之前应进行沼气脱硫。沼气用户系统包括沼气燃烧装置、沼气火炬、或沼气灶具等。

(五)规模化猪场大中型沼气工程常用厌氧反应器

厌氧反应器的设计规模完全取决于养殖场粪污的排放量。粪污的排放量可参照类似规模、相同清粪工艺、相同管理水平的养殖场来确定。工艺设计时可根据反应器的容积负荷进行池容确定,再根据反应器的工艺原理和实际运行经验确定反应器的最低高度和池型(圆形、矩形)。反应器设计时基本选用直壁的反应器。圆形结构的反应器受力情况较好,具有结构较稳定的优点;同时,在同样的截面积下,圆形反应器的周长比正方形少 12%。所以,圆形池子的建造费用至少比具有相同截面积的矩形反应器低 12%以上。采用单池或规模较小时往往采用圆形反应器。

从反应器的运行角度,对于大型厌氧反应器建造多个池子的系统是有益的,这可以增加处理系统的适应能力。如果有多个反应池的系统,则可能关闭 1 个进行维护和修理,而其他单元的反应器继续运行。

1. 完全混合式厌氧消化器(CSTR)　在消化器内,新进入的原料由于搅拌作用,很快与发酵器内的全部发酵液混合,使发酵底物浓度始终保持相对较低状态(图 8-3)。而其排出的料液又与发酵液的底物浓度相等,并且在出料时微生物也一起被排出,所以,出料浓度一般较高。该消化器具有完全混合的流态,其水力停留时间、污泥停留时间、微生物停留时间完全相等,即 HRT=SRT=MRT,为了使生长缓慢的产甲烷菌的增殖和冲出速度保持平衡,要求 HRT 较长,一般要 15 天或更长的时间。完全混合式中温发酵时负荷为 3~4 千克 COD/(米³·日),高温发酵为 5~6 千克 COD/(米³·日)。

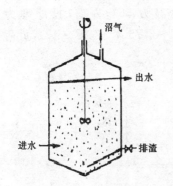

图 8-3　完全混合式厌氧消化器示意图

(1)优点　①可以进入高悬浮固体含量的原料。②消化器内物料均匀分布,避免了分层状态,增加了底物和微生物接触的机会。③消化器内温度分布均匀。④进入消化器的抑制物质,能够迅速分散,保持较低浓度水平。⑤避免了浮渣、结壳、堵塞、气体逸出不畅和短流现象。

(2)缺点　①由于该消化器无法做到使 SRT 和 MRT 在大于 HRT 的情况下运行,所以需要消化器体积较大。②要有足够的搅拌，所以能量消耗较高。③生产用大型消化器难以做到完全混合。④底物流出该系统时未完全消化，微生物随出料而流失。

2. 塞流式厌氧固体反应器（HCPF） 塞流式亦称推流式消化器，是一种长方形的非完全混合消化器，高浓度悬浮固体原料从一端进入，从另一端流出，原料在消化器的流动呈活塞式推移状态（图 8-4）。在进料端呈现较强的水解酸化作用，甲烷的产生随着向出料方向的流动而增强。由于进料端缺乏接种物，所以要进行污泥回流。在消化器内应设置挡板，有利于运行的稳定。河南省南阳酒精厂于 20 世纪 60 年代初期即修建了隧道式塞流消化器，用来高温处理酒精废醪。发酵池温为 55℃ 左右，投配率为 12.5%，滞留期 8 天，产气率为 2.25～2.75 米^3/（米^3·日），负荷为 4～5 千克 COD/（米^3·日）。

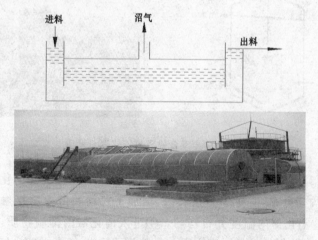

图 8-4 塞流式厌氧固体反应器示意图

（1）优点 ①不需搅拌装置，结构简单，能耗低。②适用于高SS 废物的处理。③运转方便，故障少，稳定性高。

（2）**缺点** ①固体物可能沉淀于底部，影响消化器的有效体积，使 HRT 和 SRT 降低。②需要固体和微生物的回流作为接种物。③因该消化器面积/体积比值较大，难以保持一致的温度，效率较低。④易产生结壳。

3. 升流式厌氧固体反应器（USR） 反应器的下部是含有高浓度厌氧微生物的固体床。发酵原料从反应器底部进入，依靠进料和所产沼气的上升动力按一定的速度向上升流通过高浓度微生物固体床时，有机物被分解发酵，上清液从反应器上部排出（图8-5）。USR 是一种简单的反应器，它能自动形成比 HRT 较长的 SRT 和 MRT，未反应的生物固体和微生物靠自然沉淀滞留于反应器内，可使用较高 SS 原料。在中温或近中温消化条件，处理畜禽粪便的容积负荷宜为 3～6 千克 COD/（米^3·日）。进料由底部配水系统进入，宜采用多点均匀布水。反应器每周排泥 1 次，每次排泥量为有效池容量的 0.5%～1%。

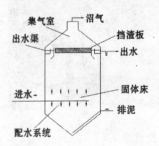

图 8-5　升流式厌氧固体反应器示意图

（六）猪场粪污处理主要设备

猪场粪污处理设备包括预处理设备（格栅、固液分离机）、废水处理设备（厌氧、好氧、自然处理）、堆肥设备、沼气利用设备。沼气利用系统中涉及的沼气收集与净化装置、沼气输配系统、沼气灶等均已是成熟产品,用户可方便地选择。

1. 前处理装置 螺杆泵、匀浆搅拌器(图 8-6)、斗式进料器(图 8-7)、辅助进料器。

图 8-6 进料器及进料泵

图 8-7 匀浆搅拌器

2. 厌氧消化罐体 主要有以下 4 种:搪瓷板拼装、利浦罐、混凝土浇筑、碳钢焊接。

搪瓷板拼装(图 8-8)、利浦罐(图 8-10)、碳钢焊接特点施工周期短、质量容易控制、寿命短、投资高。

混凝土现浇特点为施工周期长、质量不易控制、寿命长、投资低(图 8-9)。

图 8-8 搪瓷钢板拼装罐

图 8-9 水泥浇筑罐体

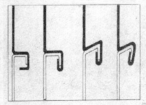

图 8-10 利浦罐

3. 沼气贮存设备 主要为 4 种形式：钢质高压干式（图 8-11，图 8-12）、浮罩式低压湿式、双层膜式低压干式、低压柔膜干式气柜。

图 8-11 钢质干式气柜　　　　　**图 8-12 钢质高压干式气罐**

（1）高压气柜　远距离输送，需要设置缓冲、气体压缩、减压等设施。

（2）双层膜式　投资较高、压力较低（图 8-13）。

（3）浮罩低压湿式　冬季需加温，输送距离较短、投资低、管理方便（图 8-14）。

图 8-13 双层膜式低压干式气柜　　**图 8-14 浮罩式低压湿式气柜**

4. 沼气净化利用设备

（1）沼气净化　凝水罐；脱硫塔——生物脱硫、化学脱硫（图8-15）。

（2）沼气利用　两种方法：沼气发电（图8-16）、集中供气（图8-17）。

图8-15　脱硫、脱水装置

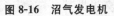

图8-16　沼气发电机　　　　　　**图8-17　沼气灶具**

5. 沼肥利用设备　沼液、沼渣一般来说是直接施用，个别大型工程沼渣进一步进行深加工。从工程实际运行情况，沼渣、沼液深加工后受终端产品蔬菜、水果等食品价格影响很难销售，因此沼液大部分采用建设大容积贮液池在播种时 1～2 次施用,沼渣一般干化处理后直接施用(图 8-18)。

图 8-18 沼肥综合利用设施、设备

(七)大中型沼气池的运行和管理

大中型沼气池的运行和管理是一项复杂的科学工作,它要求从事运行和管理工作的人员具有一定科学知识和技术水平,在工作中既要严格按照操作规程进行操作,又能根据消化器运行的实际情况随时进行调控并处理各种可能出现的故障。

1. 运行前的试车 厌氧消化池的建设,除工艺设计和结构设计科学合理外,还应当检查施工、安装质量,确保池体不漏水、不漏气,一切附属设备完好。

新建的沼气池在投料前应向池内注满清水,并增压至 4.9～9.8 千帕,经 24 小时观察压力下降小于 10%,即可认为池体密封符合要求。否则,应立即采取补救措施,再按前面所述方法检验,直到合格为止。

与发酵池配套的所有管道、阀门均应根据其各自的运行压力,分别按照工业管路检验标准用清水进行承压检验。

对于原料、水、蒸汽、沼气的压力表和流量计、液面、电气、温度、pH 计等计量仪表,加热器、搅拌器、电机、水泵等设备,均应按各自的产品质量检验标准和设计要求,进行单机调试和联动试运行，以保证其安全、可靠、灵活和准确。

2. 厌氧消化器的启动　厌氧消化器的启动是指一个厌氧消化器从投入接种物和原料开始，经过驯化和培养，使消化器中厌氧活性污泥的数量和活性逐步增加，直至消化器的运行效能稳定达到设计要求的全过程。这个过程所经历的时间称为启动期。厌氧消化器的启动一般需要较长时间，若能取得大量活性污泥作为接种物，在启动开始时投入消化器内，可缩短启动期。

(1)接种物　接种物就是用于厌氧消化器启动的厌氧活性污泥。沼气发酵过程是多种类群微生物共同作用的结果，所以对接种物的要求一是要含有分解特定物质的微生物种群，这在利用难降解有机物为原料时尤为重要；二是要注意接种物的产甲烷活性，因为产酸菌繁殖快，而产甲烷菌繁殖很慢。

接种物可以取自正在运行的厌氧消化器，特别是城市污水处理厂的污泥消化池，也可以取自畜禽粪便和酒精废醪的厌氧消化器。在厌氧消化污泥来源缺乏的地方，可以利用畜禽场、酒厂等的污水排放沟内污泥，或城市污水处理厂的初沉淀污泥等作为接种物。接种物可以液态形式(含水率 96% 左右)取回，经 2 毫米×2毫米筛孔筛除大块杂质后即可投入消化器。液态污泥运输甚为不便，特别是长途运输更是困难。为了便于运输，可把污泥脱水后使其成为固体状态运至使用地点，然后再加入污水调和，过筛后加入消化器。这种方法已在多处使用，取得了很好的效果。接种物用量的多少依接种物来源的难易及污泥产甲烷活性而定，原则上加大接种量有利于缩短启动过程时间，而通常接种物用量按发酵器体积计算在 10%～30%。

(2)启动的基本方式

①连续膨胀法　消化器试车并清空后，在接种物不足的情况下，将收集到的接种物和首批原料按一定比例(如 2：1，视接种物活性和原料浓度而定)投入消化器。停止进料若干天，在静止条件

下,对消化器内的接种物进行富集扩大培养,使厌氧消化微生物得到驯化和生长,或者附着于填料表面,至料液中生成的挥发酸大部分被去除时,即产气高峰过后,料液的 pH 值在 7 以上,所产沼气中甲烷含量达 55% 以上时,首批富集扩大培养即告完成。而后即可投入第二批、第三批……原料连续进行富集扩大培养,使消化器内的料液连续膨胀,直至消化器被充满,以后即可进行半连续或连续投料运行。

②浓度递减法　消化器试车后保留清水于消化器内,便开始边投入接种物边投入原料进行启动,使消化器内的料液浓度不断增长。这样既可以使试车时的清水得到利用,又可减轻因启动时料液浓度过高而产生的酸化现象。因为在大中型沼气工程启动时,每天采集到的接种物量有限,将池水升温后即可将接种物与原料按比例投入沼气池。例如,在进行鸡粪沼气池启动时,第一批投料按接种物与原料的比例为 2∶1 投入,3～5 天后第二批投料按 1∶1 投入,在经 3～5 天第三批投料按 1∶2 投入,待接种物投完后即开始进行半连续投料运行,仅 1 个月内,产气率即达到设计要求。

无论采用哪种方式启动,都应注意酸化与甲烷化的平衡,防止发酵液的 pH 值降至 6.5 以下。必要时可加入一些石灰水,使发酵液的 pH 值保持在 6.8 以上。

3. 厌氧消化器的运行管理　启动后厌氧消化系统管理的基本要求,在于通过控制各项工艺条件,使消化器稳定运行。只有稳定运行的消化器才会有高的运行效果。对厌氧消化器的运行管理除日常运行坚持正确控制各种运行条件外,还要随时注意消化器内酸化与甲烷化的平衡,及时发现出现的问题并迅速予以纠正。

①投料量、投料周期及出料量应按工艺要求进行。

②保持相对稳定的厌氧消化温度。

③保持稳定的运行负荷。

④厌氧反应器的搅拌不得与排泥同时进行。

⑤宜每日监测:pH值、挥发酸、总碱度、温度、气压、产气量和沼气成分等指标。掌握沼气工程全系统的运行工况,并根据监测数据及时调整运行方案,在实践中摸索出最佳运行参数。

⑥厌氧反应器内的污泥过多时,应进行排泥;过少时,可以将沼液沉淀池中的污泥进行适量回流。

⑦厌氧反应器排泥时,应注意将厌氧反应器和贮气柜的连通管上的阀门打开,以便调节反应器内的气压。

⑧厌氧反应器的溢流管必须保持畅通,并保持其规定的水封高度(须经常检查液位及设有自动监控液位的装置)。

⑨沼气应充分利用,需排放的沼气或设备检修时需要临时排气时,沼气应通过沼气应急燃烧器燃烧后排入大气。

⑩湿式贮气柜应定期检查水封池内的水位高度(特别是夏季应及时补充清水),冬季气温低于0℃时,应有防冻措施。

⑪湿式贮气柜水封槽内水的pH值应定期检测,当pH值小于6时,应更换水,防止钢浮罩受腐蚀。

⑫输气管道内的冷凝水应及时排放到冷凝器,冷凝器内的水应定期排放,排放时应防止沼气泄漏。

⑬使用干法化学脱硫剂脱硫,应注意定期再生或更换脱硫剂。冬季气温低于0℃,应采取保温、防冻。

⑭定期检查用户的气表、沼气灶具、管道和阀门,防止漏气。

⑮发现运行异常时,应采取相应措施,并及时上报,记录处理结果。

⑯沼肥贮存池的容积应根据沼肥的日产量、贮存时间、土地利用周期、当地降雨量与蒸发量等因素确定。沼肥贮存池的容积应不小于最大利用间隔期内沼肥产生的总量。

⑰厌氧消化液(沼液)还田利用。沼液中含有多种微生物、作物生长的刺激因子、营养物以及水资源,是很好的有机液体肥料,

可以充分利用。沼液的合理利用不但解决了沼液的深度处理问题,还大大节约了化肥和水资源。

⑱沼渣(厌氧消化污泥)的利用。沼渣含有大量腐殖酸类物质,对改善土壤具有良好的作用,多用于作物基肥或有机复合肥料的原料。

4. 保养重点

①厌氧反应器、贮气柜、各种管道及闸阀每年至少应进行1次表层维护保养。

②厌氧反应器的附属设施(水封、安全阀、进料泵、测温测压探头等)应经常检修和维护。

③热交换器、各类工艺管道和闸阀的密封材料应定期更换。

④搅拌设施应定期检查维护。

⑤寒冷地区冬季应做好设备和管道的保温防冻,贮气柜、溢流管(或过压保护装置)的水封应有防止结冰的措施。

⑥厌氧反应器、贮气柜3~4年应进行1次大清理或检修。

⑦湿式贮气罐的升降装置应经常检查,添加润滑油。

⑧沼气报警装置应每年检查维修1次。

参考文献

［1］ 王林云.发展低碳业养猪、拯救地球:再论中国的节约型养猪［J］.猪业科学,2009(12):72-75.

［2］ 赵志凌,黄贤金,赵荣钦,等.低碳经济战略研究进展［J］.生态学报,2010,30(16):4493-4502.

［3］ 徐瑞娥.当前我国发展低碳经济政策的研究综述［J］.经济研究参考,2009(66):34-40.

［4］ 高新星.规模化猪场贮粪池甲烷排放通量研究［D］.北京:中国农业科学院,2007.

［5］ 吴买生.推广低碳养猪技术促进猪业持续发展［J］.湖南畜牧兽医,2010,(3):1-3.

［6］ 卢小林,罗强华.青粗饲料喂猪的原理与实践［J］.养猪,2003,(3):53-54.

［7］ 张伟力,张磊彪.论低碳猪—中国地方猪种与养猪减排的历史默契［J］.养猪,2010,(5):30-32.

［8］ 罗伯特·古德兰.与我们息息相关的畜牧业碳排放［J］.中国禽业导刊,2010,(4):5-6.

［9］ 王林云.现代中国养猪［M］.北京:金盾出版社,2007.

［10］ 赵书广.中国养猪大成［M］.北京:中国农业出版社,2000.

［11］ 《中国培育猪种》编委会.中国培育猪种［M］.四川科学技术出版社,1992.

［12］ 张仲葛,等.中国实用养猪学［M］.郑州:河南科技出版社,1990.

[13] 陈清明,王连纯.现代养猪生产[M].北京:中国农业大学出版社,1997.

[14] 《中国家畜家禽品种志》编委会.中国猪品种志[M].上海:上海科学技术出版社,1986.

[15] 许振英.中国地方猪种质特性[M].杭州:浙江科学技术出版社,1989.

[16] 彭中镇,等.猪的遗传改良[M].北京:中国农业出版社,1994.

[17] 焦骅,等.家畜育种学[M].北京:农业出版社,1993.

[18] 张沅.家畜育种学[M].北京:中国农业出版社,2003.

[19] 胡雄贵,邓缘,朱吉,等.湖南3个地方猪种种质资源特性研究[J].养猪.2011(2):49-52.

[20] 郭建风,刘畅,蔺海朝,等.大蒲莲猪与杜蒲二元猪生长育肥性能、胴体性能及肉质比较[J].养猪,2012,(3).

[21] 张伟力,张磊彪.论低碳猪——中国地方猪种与养猪减排的历史默契[J].养猪,2010(5):30-32.

[22] 杨公社.猪生产学[M].北京:中国农业出版社,2002.

[23] 农业部.工厂化养猪工程建设投资估算指标(试行)[M].北京:中国农业出版社,1995.

[24] 加拿大阿尔伯特农业局畜牧处.养猪生产[M].北京:中国农业出版社,1998.

[25] 朱尚雄.中国工厂化养猪[M].北京:科学出版社,1990.

[26] 刘启文,安国邦.养猪机械化[M].北京:科学出版社,1981.

[27] 东北农学院.畜牧业机械化[M].北京:农业出版社,1981.

[28] 现代建筑结构规范大全(修订缩印本)[M].北京:中国

建筑工业出版社,1994.

[29] 吴恬,吴祥生.建筑水暖设计工程[M].北京:科学文献出版社,1996.

[30] 赵书广.中国养猪大成[M].北京:中国农业出版社,2000.

[31] 李德发.现代饲料生产[M].北京:中国农业大学出版社,1997.

[32] 聂光达,王中达,等.实用饲料手册[M].上海:上海科学技术出版社,1992.

[33] 吴晋强.猪的饲料和饲养[M].合肥:安徽科学技术出版社,1990.

[34] 张乔.饲料添加剂大全[M].北京:北京工业大学出版社,1994.

[35] 方厚生,凌桂芳.饲料配合的原理与方法[M].南京:江苏科学技术出版社,1988.

[36] 杨凤.动物营养学[M].北京:中国农业出版社,2003.

[37] 李长忠,张宏福译.NRC(1998)第十版猪营养需要量表.国外畜牧学——饲料.1998(3):37-45.

[38] 杨胜.饲料分析及饲料质量检测技术[M].北京:中国农业大学出版社,1993.

[39] 陈代文.动物营养与饲料学[M].北京:中国农业出版社,2005.

[40] 芦惟本.跟芦老师学看猪病[M].北京:中国农业出版社,2009.

[41] 代广军,蔡雪辉,苗连叶.规模养猪高热病等流行疫病防控新技术[M].北京:中国农业出版社,2008.

[42] 丰艳平,刘小飞.养猪生产[M].北京:中国轻工业出版社,2011.

[43] 吕惠序.猪疫苗过敏反应的救治[J].养猪,2012,1:116-117.

[44] 林义明.猪病防治[M].北京:高等教育出版社,2002.

[45] 宣长和.猪病学(第2版)[M].北京:中国农业科学技术出版社,2003.

[46] 徐有生.科学养猪与猪病防治原色图谱[M].北京:中国农业出版社,2009.

[47] 陈焕春.规模化养猪场疫病控制与净化[M].北京:中国农业出版社,2000.

[48] 甘孟侯,杨汉春.中国猪病学[M].北京:中国农业出版社,2005.

[49] 丁壮,李佑民.猪病防治手册[M].北京:金盾出版社,2004.

[50] 蔡宝祥.家畜传染病学[M].北京:中国农业出版社,2001.

[51] Straw B E,Zimmerman J J,D'Allaire S,et al. Diseases of Swine[M].9th edition.赵德明,张仲秋,沈建忠主译.北京:中国农业大学出版社,2008.

[52] 廖荣斌,等.猪圆环病毒的流行病学调查[J].养猪,2011(1):81-82.

[53] 万遂如.2009年我国主要猪病流行概况与防控对策[J].养猪,2009(6):49-54.

[54] 万根,等."猪高热病"病例中猪繁殖与呼吸综合征病毒和猪瘟病毒的检测分析[J].养猪,2009,(6):62-64.

[55] 芦惟本,等.论猪的稳态与疾病[J].养猪,2011(2):61-64.

[56] 冷和平,等."高热病"暴发过程中的链球菌病因素及其有效防治对策[J].养猪,2011(2):76-79.

[57] 万遂如.对蓝耳病的认识与再认识[J].养猪,2011(1)：89-91.

[58] 万遂如.猪口蹄疫的防控技术[J].养猪,2010(6).

[59] 阎恒普.疑似口蹄疫引起的仔猪心肌炎的预防[J].养猪,2011(1)：70.

[60] 石章锁,等.对圆环病毒的再认识[J].养猪,2010(6).

[61] 农业部人事劳动司.沼气生产工[M].北京：中国农业出版社,2004.

[62] 徐曾符.沼气工艺学[M].北京：农业出版社,1981.

[63] 周孟津.沼气实用技术[M].北京：化学工业出版社,2004.

[64] 王凯军,金东霞,赵淑霞,曹从荣.畜禽养殖污染防治技术与政策[M].北京：化工出版社,2004.

[65] 张克强,高怀友.畜禽养殖业污染物处理与处置[M].北京：化工出版社,2004.

[66] 林聪.沼气技术理论与工程[M].北京：化工出版社,2006.

[67] 李德发.现代饲料生产[M].北京,中国农业大学出版社,1997.

[68] 聂光达,王中达,等.实用饲料手册[M].上海：上海科学技术出版社,1992.

[69] 吴晋强.猪的饲料和饲养[M].合肥：安徽科学技术出版社,1990.

[70] 张乔.饲料添加剂大全[M].北京：北京工业大学出版社,1994.

[71] 方厚生,凌桂芳.饲料配合的原理与方法[M].南京：江苏科学技术出版社,1988.

[72] 杨凤.动物营养学[M].北京：中国农业出版社,2003.

[73] 李长忠,张宏福译.NRC(1998)第十版猪营养需要量表.国外畜牧学——饲料.1998(3):37-45.

[74] 杨胜.饲料分析及饲料质量检测技术[M].北京:中国农业大学出版社,1993.

[75] 陈代文.动物营养与饲料学[M].北京:中国农业出版社,2005.